自然秘境大图鉴

海洋世界

[意]安杰洛·莫杰塔/著
[越]源希希/绘　申倩/译

中国出版集团　现代出版社

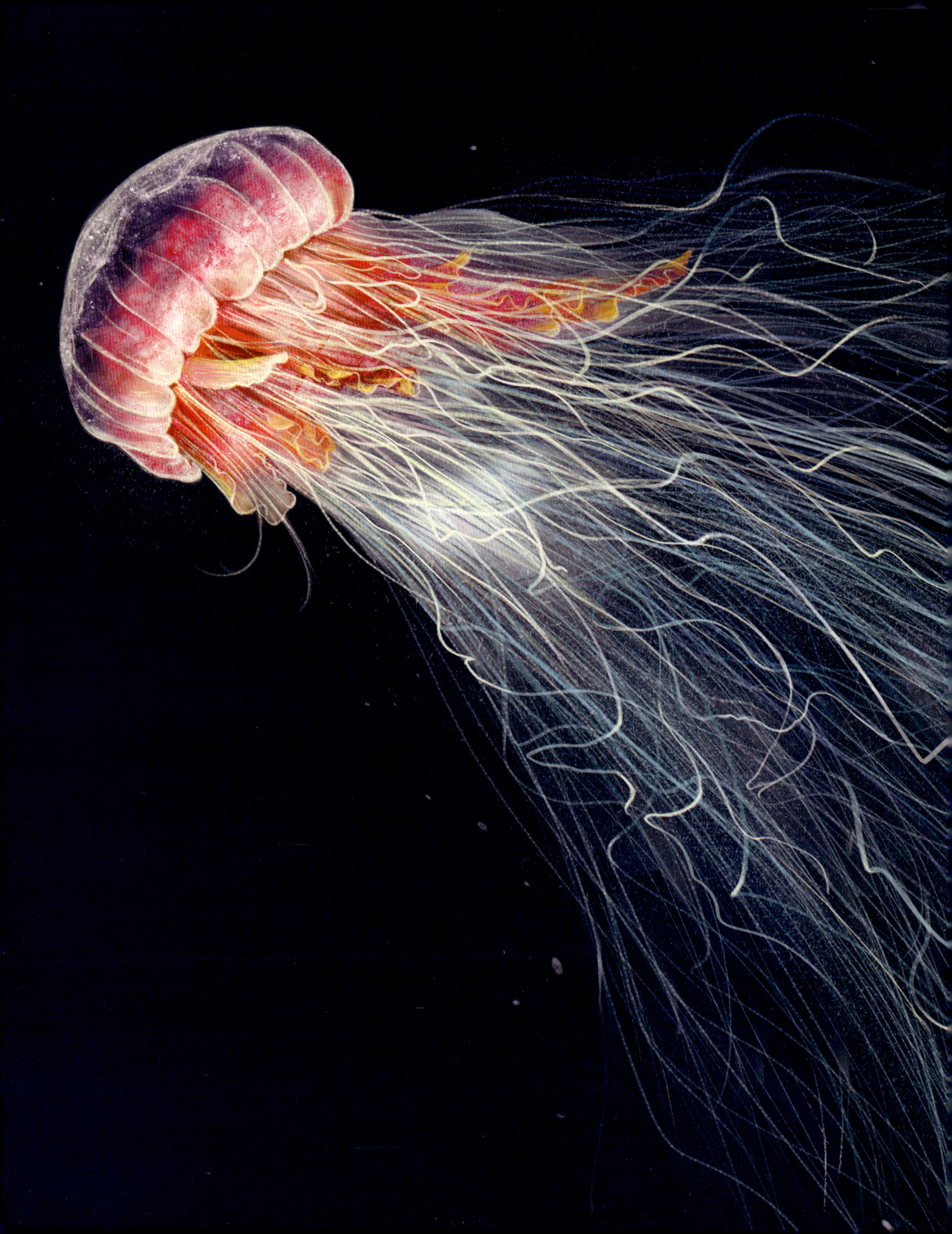

自然秘境大图鉴

海洋世界

目录

前言 6

生机盎然的海洋 8

鱼 10

无脊椎动物 12

其他动物 14

地中海 16

东北大西洋 40

红海 54

印度洋 74

印度—太平洋海域 86

太平洋 96

尺寸和图标

这些图标能帮助你更快捷地理解各种物种的体长。通过查看图标着色部分，就能了解对应物种的长度了。例如，当一条鱼旁配有一辆着色一半的电动车时，就意味着这条鱼的体长是电动车的一半，约 1 米，而着色 2/3 的公交车则约等于 8 米长。

前言

当你坐在椅子上时，你认为自己是静止不动的吗？也许你并不知道，地球正在以每小时1700千米的速度自转。同时，整个行星围绕太阳以每小时10万千米的速度运动着。现在，你可能稍微意识到自己在移动了，但你一定没想到速度如此之快吧？

你认识世界地图中的大洲和大洋吗？在几个世纪前的古老地图上，你也能看到它们位于相同的位置。其实，现在你眼前的世界随着时间的推移已经发生了很大的变化。地球表面被分成许多块，像是一块块拼图，我们称之为“板块”。它们之间不断运动着，一些板块相互靠近，一些板块逐渐远离。随着时间的推移，板块构造运动会造成大陆的联合或分离，以及它们之间海洋的开放或关闭。

在很久很久以前，地球上只有一个巨大的大陆，从南极一直延伸到北极，大陆周围环绕着一个超级大洋。1.5 亿年前，板块构造运动开始了，陆地逐渐分裂成不同的大洲。北美洲与欧亚大陆分离，南美洲与非洲渐行渐远，印度、南极洲和大洋洲也相继独立，大洋的轮廓随之出现。1 亿年前，板块构造运动仍然进行着。南美洲和非洲的轮廓已经大致能分辨出来，它们之间隔着大西洋。印度板块开始向北移动，最终并入亚洲大陆。南极洲和大洋洲也逐渐形成，北美洲、欧洲和亚洲也是一样。

生机盎然的海洋

海洋是一个巨大的奇妙宝盒，里面充满了难以置信的生物宝藏。如前文介绍的那样，复杂的板块构造形成了如今的地貌、大陆以及海洋，它们共同作用，不断地利用资源，繁衍出了色彩斑斓的海洋生物种类。

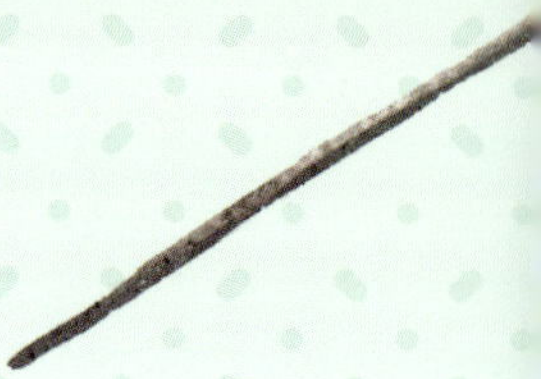

海洋生物的多样性体现于海洋生命诞生于海中，之后登上陆地。在海洋中，我们发现了所有已知动物种类，从原生动物到大型哺乳动物。一些庞然大物，如蓝鲸，是地球上有史以来体积最大的动物。

与陆地相反，海洋中到处都有生物，从海面到 11000 米深的马里亚纳海沟，都有生命的踪迹。要知道，马里亚纳海沟的深度已经超越了世界最高峰珠穆朗玛峰的高度哦！

鱼

鱼的构造

我们观察这本书中的各式各样的鱼就会发现，它们之间有许多相似之处。有一些鱼长得实在是很奇怪，会让人疑惑它们到底属于什么物种。鱼是水生脊椎动物，分为硬骨鱼和软骨鱼，像鲨鱼、鳐鱼就是软骨鱼。鱼的鳍就是它们的“四肢”，鳍的位置各不相同。它们用鳃呼吸，身体通常被鳞片覆盖，有一些鱼可能没有鳞片。

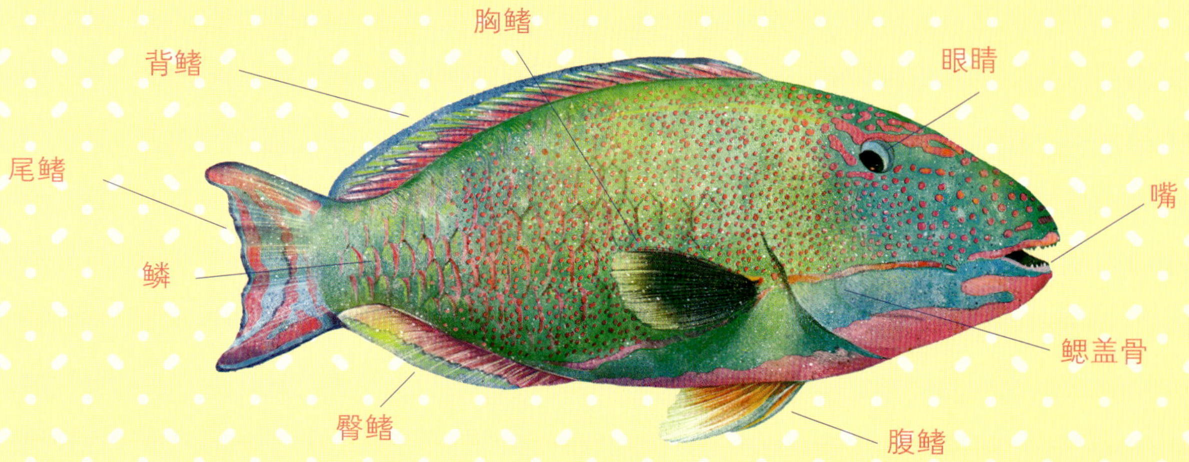

鱼的形状

鱼的形状各异，每种形状都有着特别的演化史。例如，海马不像金枪鱼那样具有流线型身体，于是它们选择同亲戚海龙一样，靠拟态求生，即用它们灵活的尾巴卷在海藻和柳珊瑚上，以防被激流冲走。密斑刺鲀则演化出膨胀身体的能力，能变身成海中仙人掌。而深海中的鮟鱇鱼则用发光的诱饵吸引海洋最深处的猎物自行靠近，从而轻易将其捕获。

适应环境

在错综复杂的珊瑚丛中如何生存？如何成为高效的掠食者？如何躲在掩护体中不被发现？答案显然是用尽全力适应环境。掠食者，如鲨鱼，通常具有流线型身体和锋利的牙齿，以及可以让它们快速游动的强壮尾巴。鲽鱼身体扁平，能贴在海底的泥沙上而不下陷，两只眼睛都长在身体朝上的一侧。蝴蝶鱼身体很扁，而且鳍很灵活，能够轻松穿过其他鱼类无法通过的狭窄区域。这些鱼的身体构造赋予它们的生存技能是不是都很实用呢？

趋同演化

水的密度是空气的 800 倍，因此，要想在水中生存就意味着必须克服环境特性带来的种种困难。也许你会有这样的经历，在水中行走比游泳更缓慢、更费力。因此，鲸豚类（如海豚）、软骨鱼（如鲨鱼）、硬骨鱼（如金枪鱼）都演化出了极为相似的外形，这便是它们为了适应相同的环境问题而产生的趋同演化，为的就是游动时更快速、省力。

无脊椎动物

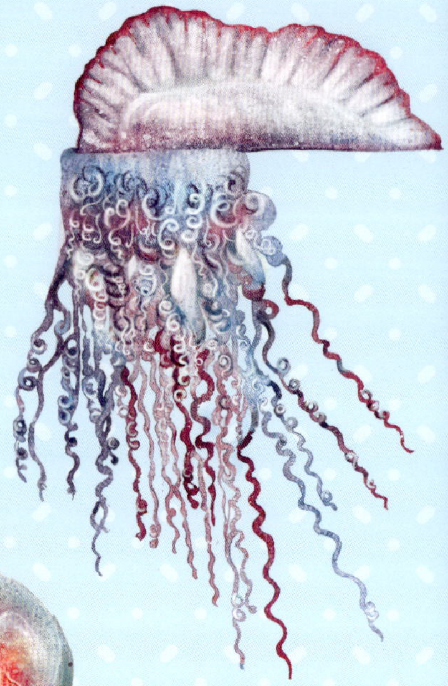

珊瑚

珊瑚、水母和僧帽水母看似没有什么相似之处，但它们却有血缘关系，都属于距今 6 亿年前演化的刺胞动物。刺胞动物呈由中心体向外展开的辐射状，水螅体会从一段封闭的管子伸出，管子开口处长着能刺痛人的有毒触手。一些刺胞动物，如红珊瑚或热带石珊瑚，它们生活在海底并形成聚落。水母和僧帽水母则在海水中四处漂浮，凭借能充气的鳔随波逐流。

棘皮动物

海星和海胆都是大名鼎鼎的海洋动物，虽然它们的外观差别很大，但却都是棘皮动物。棘皮动物的名字由两个希腊词语组成，意为“长满刺的皮肤”。不过，很多棘皮动物的刺演化成了钙骨板。棘皮动物有很多共同点，如身体都是次生辐射对称，都有长了管足的步带等。管足可以借助复杂的水力学作用伸缩，使海星和海胆这类动物在接近垂直的岩壁上也能移动。

软体动物

软体动物是海洋世界中分布最广的动物之一，种类超过 5 万种。无脊椎动物形态变化多端，对环境的适应能力强大，能在海洋的各个区域中生存，在深海和波涛汹涌的海面都能找到它们的踪迹。软体动物的壳可以是单壳，如海螺；也可以是双壳，如江珧蛤；还可以长在体内，如乌贼和鱿鱼；甚至完全消失，如章鱼以及六鳃海牛。六鳃海牛因其颜色鲜红，又被称为“西班牙舞娘”。

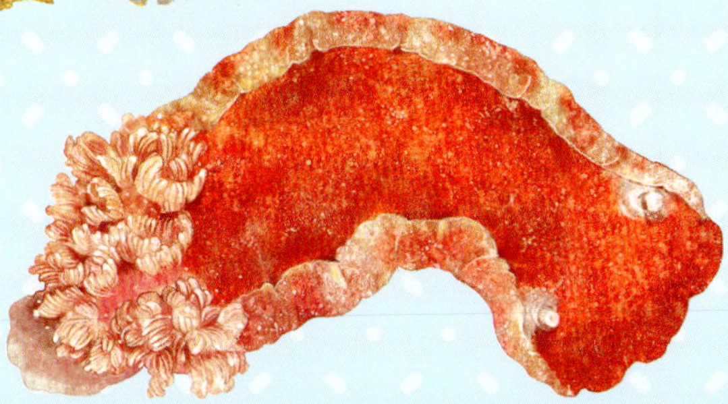

甲壳动物

甲壳动物，如蟹、虾、龙虾、寄居蟹等，都拥有坚硬且分节的外壳，以及足、钳子、触须等因功能不同而形态不一的附肢。目前已知的甲壳动物超过 5 万种，它们有的体积极小，例如某些浮游的虾；有的却是大个头，例如甘氏巨螯蟹。所有甲壳动物都需要定期换壳才能顺利长大，这一复杂的过程就叫作“脱壳”。

其他动物

爬行动物

与其他类型动物的丰富性和数量相比，爬行动物的繁荣期早已过去，1.4 亿年前的侏罗纪是它们的一个黄金时代。那时候，小型、大型甚至是巨型爬行动物统治着辽阔的海洋。如今，海洋爬行动物只剩下几十种了，主要为海蛇和海龟，以及两种真正的海洋鳄鱼和加拉帕戈斯海产鬣蜥。为了适应水生环境，海洋爬行动物是在水下进食的，但还是靠肺呼吸。因此，虽然它们可以潜入水中数小时，但还是要浮上水面。另外，除了一些海蛇可以在水中产卵，绝大部分爬行动物必须返回陆地下蛋。

鸟类

为了生存和捕食，海鸟演化出了适应水生环境的各种本领。最为特别的当属企鹅，它们放弃了飞行能力，而把翅膀进化为了鳍状，从而能够在海水中轻松游动几百千米，并能潜入深达数百米的海中。海鸟通常在靠近海岸的地方筑巢，以便捕捉鱼、鱿鱼和贝类。不过，信天翁等鸟类却可以在海上停留数月而不靠岸。

哺乳动物

海洋哺乳动物包括两大类别：鳍足类，如海豹、海狮、海象等；鲸豚类，如逆戟鲸、抹香鲸、海豚等。除此之外，还有北极熊、水獭、海牛、儒艮……这些哺乳动物为了适应水生生活，前肢都特化为水动力形状的鳍状。鲸豚类自然是最具代表性的物种，它们完全脱离陆地生活（海牛和儒艮亦然）。最重要的是，鲸豚类只能生活在海洋中。

地中海

地中海是人类历史上最重要的海洋之一。在早期人类历史中，沿海地区就已经孕育出一些伟大的人类文明了，如埃及、希腊和罗马等。因为这些地方曾是航行最密集的海域，商人、航海家、士兵和朝圣者来来往往，连接着欧洲和东方的神秘国家。

地中海的起源是一段悠久而迷人的故事。大约2.4亿年前，地中海是特提斯洋的一部分。这个广阔、古老的温热大洋沿着赤道伸展开来，将两个巨大的大陆彼此隔开，与后来成为大西洋和太平洋的两个海洋相连。随着地质演变，这两个广阔的大陆开始分裂成较小的陆地，逐渐发展成我们所知的世界地理布局，地中海也几乎被欧洲、非洲和亚洲所包围。

地中海唯一的自然开放区域是直布罗陀海峡，与附近的大西洋相通，而大西洋正是海洋生命所依赖的生命源泉。如果直布罗陀海峡被封闭，就会像600万年前发生的那样，地中海的水会在很短时间内蒸发殆尽，变成一片咸水滩，众多潟湖散落在河口附近。

因此，地中海可谓是大西洋之子，这一点从生活在此的许多海洋鱼类、软体动物和甲壳动物中也可以明显看出来。但是，地中海中仍拥有许多在其水域内进化而成的地方性物种，这些物种仅仅生活在地中海中，其他地方都没有。

与其他大洋相比，地中海微不足道，它的面积只占全世界所有海洋面积的 1%，但它的生物学重要性却独一无二：所有居住于此的动物，从大鲸鱼到小海马，全都比其他同类体积小。地中海多样的地质风貌也令人叹为观止，只有在此才能欣赏到：地球上寿命最长的植物之一——“波希多尼亚海草”，被海绵和海藻着色的多彩海床，绵延的海滩上的各类贝壳，海浪的涌动和追逐，等等。

直到今天，地中海依然令人惊叹不已。由于气候变化和海水变暖，多彩热带鱼在这里激增，它们途经苏伊士运河，从红海游到地中海栖息。

地中海的海洋动物

31
5
4
21
10
22
29
23
28
32
26
24
34
25
27

地中海的海洋动物

1. 光鳃鱼（*Chromis chromis*）

光鳃鱼是一种身体椭圆、尾鳍分叉的小型鱼类，成群生活在距水面 20 米深的水域中。它们在岩石壁的凹陷处产卵，由雄鱼守护鱼卵免受掠食者的侵害。幼鱼身体呈荧光蓝色，成年后会渐变为深棕色。

体长：15 厘米　活动深度：2 ~ 40 米

2. 欧洲鲈（舌齿鲈）（*Dicentrarchus labrax*）

欧洲鲈是一种典型的主要捕捉小鱼的掠食性鱼类，身体呈细长锥形，身长可达 1 米，体重可达 7 千克。这种鱼生活在地中海、黑海和东大西洋，喜欢在夜间活动，能够穿过潟湖进入河流，并能在其间短时间生活。同鲷鱼一样，欧洲鲈是最常见的人工养殖鱼类之一。

体长：1 米　活动深度：1 ~ 100 米

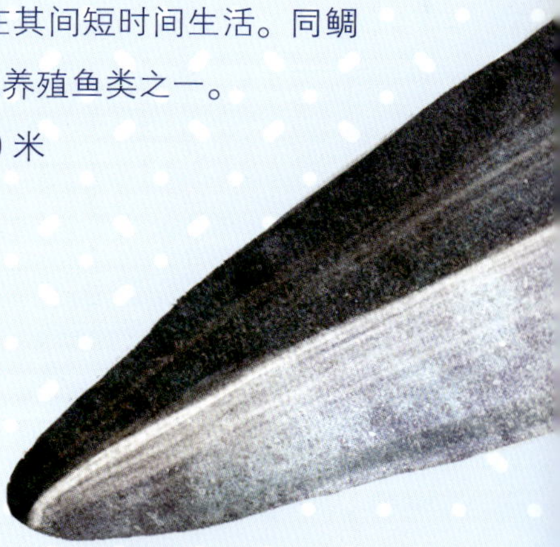

3. 高体鰤（*Seriola dumerili*）

高体鰤体形很大，身体具有水动力流线，头部发达，轮廓圆润，均等分叉的尾鳍使其能够快速游动。这种鱼的背部颜色为灰蓝色或绿色，能折射成银色，向腹侧方向渐变为白色。它们分布于暖水海洋，当海岸水温更温暖时会从海洋深处靠近岸边。幼鱼喜欢聚集在漂浮物品的阴影下。

体长：2 米　活动深度：1 ~ 360 米

4. 蓝鳍金枪鱼（*Thunnus thinnus*）

蓝鳍金枪鱼经常在开放海域游动，称得上是“海洋巨人”之一。这种鱼会进行长距离的季节性洄游，每次路径相同。因此，人类制造了捕捉金枪鱼的特殊捕鱼工具，在金枪鱼必经的沿海水域放置捕捞装置。体形相同的金枪鱼会集群生活，以鱼、章鱼和鱿鱼为食。蓝鳍金枪鱼广泛分布在地中海和整个大西洋，从北美到南美，从欧洲到北非。

体长：4.5 米　活动深度：1 ~ 980 米

5. 长须鲸（*Balaenoptera physalus*）

像地中海这样的小海洋，竟然还生活着相当数量的长须鲸，确实让人感觉有些奇怪。长须鲸是当今仅次于蓝鲸的第二大鲸类，身长超过 20 米，体重超过 50 吨。它们 纺锤流线型的身体使得它们的游速可达每小时 40 千米。它们有着石灰色的背部和白色的腹部，最明显的当属小小的背鳍和开裂的大尾鳍。它们呼吸时会喷气，从喷气孔喷出的气体和液体最高可达 6 米。

体长：24 米　活动深度：0 ~ 350 米

6. 宽吻海豚（*Tursiops truncatus*）

宽吻海豚是生活在海岸附近的鲸豚类动物，因此它们成为与人类亲密接触最多的海豚。它们矫健灵活，肌肉发达，头的形状像甜瓜——这是典型的头部扩大的表现。它们的背鳍很高，背部是发蓝的钢铁色，两侧逐渐变浅，腹部为灰白色。它们主要以鱼类为食，有时候会从网中盗鱼，正因如此，尽管它们是保护动物，却不太讨渔民的喜欢。雌性多成群，雄性多单独或 2 ~ 3 只成为一个小群。

体长：4 米　活动深度：0 ~ 600 米

7. 棘刺龙虾（*Palinurus elephas*）

棘刺龙虾是非常有名的甲壳动物，体形健壮细长，体重可达 8 千克。它们的外壳坚硬，扇形尾巴可以快速收合，使之能够快速后退。没有危险时，它们会缓慢移动，用细腿爬行。它们的头上有两根发达的、比身体还长的触须，这是甲壳动物探索世界的重要感觉器官。它们生活在不同的海床上，但更喜欢礁岩海床，因为岩洞方便它们避难。从卵中孵出的龙虾经过许多个不同形态的幼体阶段，才会长成最终的模样。在此之后，它们还会通过换壳继续成长。

体长：50 厘米　活动深度：15 ~ 200 米

8. 浅红副鳚（*Parablennius gattorugine*）

浅红副鳚是地中海鳚科中体形最大的一员，它们长着大大的头部，眼睛上方伸出羽毛状触须，身体呈棕褐色，且有明显的竖斑纹。它们生活在礁区的海床上，将缝隙和空洞穴作为庇护所，雄鱼在其中建立巢穴，以吸引雌鱼前来产卵。它们的好奇心很强，一旦巢穴外有动静，便会游出来一探究竟。

体长：30 厘米　活动深度：3 ~ 35 米

9. 布氏鰕虎鱼（*Gobius bucchichi*）

布氏鰕虎鱼的习性很特别，让人不禁联想到热带小丑鱼。它们经常紧靠海葵活动，在危险时会躲在海葵的触手间避险。它们通常栖息在礁岩海床或多砾石和鹅卵石的泥滩海床上，因为在这种环境下，它们可以靠自身灰黄的体色以及深色斑点来伪装起来。

体长：10 厘米　活动深度：1 ~ 10 米

10. 小斑猫鲨（*Scyliorhinus canicula*）

小斑猫鲨这种小鲨鱼身体修长，略扁，颜色多为浅棕色，腹部发白，背部和双侧有深色斑点，一般生活在多泥沙的海床上，最深栖息地可达 800 米。它们通常贴附在沙地和泥泞的海床上，在周边寻找猎物或更适宜的栖息地。在繁殖期，雌性小斑猫鲨会产下近似深色小钱袋的卵，上面缠绕着细丝，以便附着在岩石壁上，防止被洋流冲走。经过漫长的发育期（8～11个月）后，小斑猫鲨诞生了。小斑猫鲨虽然尺寸迷你，但外观同成年猫鲨一模一样。

体长：1 米　活动深度：10～780 米

11. 泽生海鳝（*Muraena helena*）

泽生海鳝长得和蛇很像，它们的表皮光滑无鳞、结实坚韧，十分适合在礁石中轻松游动，然后穿过岩缝去找寻猎物和藏身之所。它们没有胸鳍和腹鳍，背鳍、尾鳍和臀鳍连为一体。它们的身体呈棕色，上面有米色和黄色的斑点。人们通常在其洞穴中见到它们张着嘴伸出头来，它们这样并不是为了吓人，而是为了呼吸更顺畅。

体长：1.5 米　活动深度：1～800 米

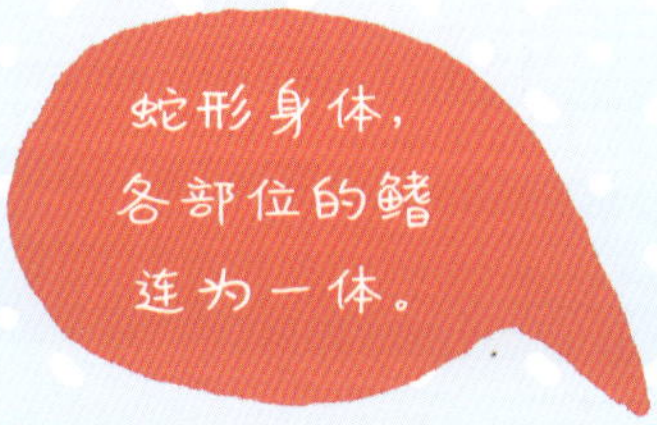

12. 赤鲉（*Scorpaena scrofa*）

赤鲉的名字并不起眼，实际上它们却是又大又美丽的鱼类。它们体重达好几千克，通体呈橘红色，但因为海底光线折射的原因，看起来像是灰褐色，这为它们捕食提供了很好的伪装。它们有时待在海底一动不动，被误认为是一块长满海藻和海绵的石头。它们背鳍前部的鳍条有连接毒腺的硬棘刺，被刺伤可是很疼的。

体长：50 厘米　活动深度：20 ~ 500 米

13. 寄居蟹（*Paguristes eremita*）

寄居蟹的外壳不能覆盖全部身体，所以它们必须利用其他生物丢弃的空壳作为自己的外壳，以保护柔软的腹部。它们利用贝壳坚硬的外壳武装自己，并会把自己的头、脚和强壮的螯露在壳外。有时它们还会让海葵附着在壳上，使海葵的有毒触手成为自己的防御武器。寄居蟹在成长过程中需要更换新壳，且换壳必须非常迅速，以免被章鱼或者大型鱼类捕捉到。

体长：15 厘米　活动深度：5 ~ 50 米

一个大头和
八只长着吸
盘的触手。

14. 普通章鱼（*Octopus vulgaris*）

章鱼和贻贝、蜗牛一样，同属软体动物，但没有外壳，而是顶着一个大头，上面连着八只粗壮的触手，每只触手上各有两排吸盘。大型章鱼的触手可长达 1 米、重达几千克。章鱼的伪装能力非凡，大大降低了它们被天敌发现的风险。它们强大的触手还能抵御攻击，触手中央尖利的大喙更是防御的重要武器。它们发达的头部能够容纳体积较大的大脑，因此，它们被称为是最聪明的海洋生物之一。当伪装不起作用，需要被迫逃跑时，它们会喷射出一团墨水，并利用喷射的反作用力推出自己，从而快速逃离危险。

体长：全长超过 50 厘米（含触手在内）

活动深度：1 ~ 400 米

15. 孔雀锦鱼（*Thalassoma pavo*）

孔雀锦鱼是地中海中最色彩缤纷的鱼类之一，它们的外形体现出其与热带鱼类的亲缘关系。与家族中的其他鱼类（隆头鱼科）一样，孔雀锦鱼初始性别为雌性，之后变为雄性。当长到 20 厘米时，它们的色彩会变得更加亮丽。它们动作敏捷，好奇心强，随时随地都在游动，并伺机拾取别人遗留的食物。它们晚上会藏在沙子里，或是躲在礁石洞穴中，以逃避夜间的掠食者。

体长：25 厘米　**活动深度**：1 ~ 150 米

16. 纵带羊鱼（*Mullus surmuletus*）

纵带羊鱼对美食家来说是味道极为鲜美的鱼类。它们习惯贴着海床栖息和活动，借助灵敏的触觉兼味觉器官——两根长须来寻找猎物。它们的头部发达，有两片背鳍，体长可达 30 ~ 40 厘米，通常聚集成小的群体生活在深度可达 400 米的海底。

体长：40 厘米　**活动深度**：5 ~ 400 米

17. 乌鳍石斑鱼（*Epinephelus marginatus*）

乌鳍石斑鱼是地中海中最大的鱼类之一，体长可达 1 米，体重可达 60 ~ 70 千克。在它们的众多特征中，最令人印象深刻的当属宽大的嘴巴和又宽又圆的尾鳍。它们通常栖息在海床上，在礁石洞穴内安家。它们的食谱中通常包括章鱼、甲壳动物和鱼类。有意思的是，在乌鳍石斑鱼的一生中，它们一开始是雌性，在 12 岁左右会变成雄性。石斑鱼在整个地中海分布广泛，同时也是大西洋沿岸最具代表性的鱼类之一。

体长：1.5 米　**活动深度**：2 ~ 300 米

18. 大西洋鲷（*Sparus aurata*）

大西洋鲷外观呈椭圆形，体重可达 10 千克，喜欢在交错着沙地、礁岩和海洋植物的海床上栖息。它们的牙齿很特别，尖利的后齿可以咬碎软体动物和甲壳动物的壳。它们已从海洋咸水鱼演化为半咸水鱼，人类也早已掌握人工养殖它们的方法。因此，大西洋鲷便成为鱼市上最常见到的鱼类之一。

体长：70 厘米　活动深度：1 ~ 150 米

19. 欧洲天竺鲷（*Apogon imberbis*）

欧洲天竺鲷体形大致呈椭圆形，通体呈红色，镶有白边的黑色眼睛非常显眼。它们习惯生活在靠近海面的洞穴中，夜间出来觅食，主要捕食小型甲壳动物和小鱼。繁殖期的雄鱼会收集雌鱼产的卵并含在口中，直到幼鱼孵化出来。随着鱼卵逐渐长大，天竺鲷的嘴也会越张越开。

体长：15 厘米　活动深度：10 ~ 200 米

20. 纹首鮨（*Serranus scriba*）

纹首鮨身体细长，略扁，尾鳍圆润，尖尖的头上有很多条弯弯曲曲的天蓝色细纹，像是阿拉伯文的书法。它们的身体两侧有清晰的深色竖条纹和一大块浅紫色斑点。它们是一种领地意识极强的鱼，会阻止其他纹首鮨进入自己的领地。它们还是贪婪的捕食者，经常出没于章鱼洞穴附近的区域，以捡食其吃剩的食物。

体长：36 厘米　活动深度：5 ~ 150 米

21. 细点牙鲷（*dentex dentex*）

细点牙鲷是海洋中非常珍贵的鱼类之一，体长可达 1 米，体重可达 10 千克。它们体格强健，体形椭圆，颜色呈灰蓝色，并有虹彩色泽。它们的幼鱼喜欢成群生活，成年后则会独来独往。它们还是贪婪的掠食者，以章鱼和鱼类为食，且捕猎速度迅猛，不给猎物逃跑的机会。

体长：1 米　活动深度：5 ~ 200 米

平直的额头，大而尖锐的牙齿，颜色是灰蓝色。

22. 普通乌贼（*Sepia officinalis*）

普通乌贼以其麻袋状的身体（外囊）而显得与众不同。它们的身体里面包裹着有名的“乌贼骨”，正是这层轻巧的组织使乌贼这种软体动物拥有扁椭圆形体形。它们的身体前端的头上长着巨大的眼睛和十只触手。这十只触手中，八只较短且肌肉发达，另外两只柔软敏捷，能够快速伸缩以捕捉猎物。它们的外囊包裹着一层薄膜，使之能够缓慢地移动，当需要快速移动时，它们则会改为用力收缩外囊，从犹如喷射发动机的体管内喷射出强劲的水流，以推出身体。同章鱼一样，普通乌贼也是伪装高手。

体长：45 厘米　活动深度：1 ~ 300 米

麻袋状的身体，
头上长着巨大的
眼睛和十只触手。

23

15 厘米

管状的吻部，
卷缠尾。

23. 长吻海马（*Hippocampus guttulatus*）

海马与众不同的形状和几乎一直呈垂直的姿态令人印象深刻。它们身体的外围是由骨环形成的坚硬盔甲，尾巴可以弯曲和移动，能够将自己缠绕在海底的植物或生物上。它们的头部和马很像，吻部很长，且呈管状。雄性海马负责产卵，并且会将卵装在一个特殊的囊袋中，直到小海马孵化出来。

体长：15 厘米　**活动深度**：2 ~ 60 米

24. 电鳐（*Torpedo ocellata*）

电鳐是典型的扁平体形的底栖鱼类，身体宽度比体长略大，肥厚的尾巴上有两片背鳍。电鳐是地中海中最小的鳐鱼，体色呈浅棕色，整体色泽较均匀。它们的背上有多个镶黑边的天蓝色斑点，斑点外围晕开一圈浅色环。同其他电鳐类鱼类一样，电鳐也以电击捕获猎物或防御敌人。

体长：60 厘米　**活动深度**：2 ~ 400 米

背部有眼
斑，身体
呈圆盘状。

24

60 厘米

25. 平头螣（*Uranoscopus scaber*）

平头螣的身体前部肥大，后部两侧较为扁平。它们习惯性沉入海床底部，这样的生活习性从它们身体构造的适应性特征就能体现出来——眼睛位于头部的背侧，嘴巴向上张开，体色为灰棕色。平头螣还是伪装高手，它们能从嘴里伸出来一根又细又窄的诱器，看起来像是一只从沙子中冒出头的蠕虫。当其他鱼以为发现了食物而靠近时，平头螣会猛地跃起，一口吞下倒霉的猎物。哦对了，它们的鳃盖骨上有一根硬刺，靠近时可要当心哟！

体长：40 厘米　活动深度：15 ~ 400 米

26. 大菱鲆（*Psetta maxima*）

大菱鲆，也就是常说的“多宝鱼”，是比目鱼的亲戚。它们的体形偏菱形，背侧散布着坚硬且稍尖的硬结瘤。看起来像是背的部位实际上是它们的体侧，因为它们在生长时会经历特别的变态过程——一只眼睛移位到另一只眼睛附近，这使得它们朝向海底的腹面一侧没有了眼睛。大菱鲆体长可达 1 米，经常栖息在沙石和礁岩密布的海床上，将自己与环境融为一体。

体长：1 米　活动深度：20 ~ 70 米

27. 斑点龙螣（*Trachinus araneus*）

斑点龙螣又名“蜘蛛鱼”，平日喜欢潜伏在沉积的泥沙里，待猎物经过时一跃而起，将其轻松捉住。它们有一张开口朝上的嘴，双眼长在头顶，身体前方的黑色背鳍鳍条上长着与毒腺相连的棘刺，刺痛感极强。

体长：45 厘米　活动深度：1 ~ 100 米

28. 背棘鳐（*Raja clavata*）

背棘鳐是一种软骨鱼，和鲨鱼是近亲。它们的身形为扁平的菱形，末端尖突。它们最大的特点便是其名字中的“背棘”，粗大弯曲的棘刺密布在背部侧边以及背部中线和尾巴上。它们喜欢栖息在泥沙海床上，以甲壳动物、软体动物和鱼类为食。

体长：1.05 米　活动深度：5 ~ 1000 米

酷似翅膀的
大片胸鳍。

29. 离棘真豹鲂鮄（*Dactylopterus volitans*）

离棘真豹鲂鮄身体健壮，有着大头和钝吻，喜欢栖息在沙质海床上，夜晚游至靠近海面的地方猎食。它们最明显的体征是拥有宽大的胸鳍，不游动时收起，游动时折叠展开，犹如一对布满蓝色斑点的鲜艳大翅膀。因为其酷似翅膀的胸鳍，古代学者相信它们能够飞出海面，故在它们的学名中加入拉丁文“volitans”，意为“飞翔”。

体长：50 厘米　活动深度：1 ~ 100 米

30. 红珊瑚（*Corallium rubrum*）

地中海蕴藏的诸多宝藏中，红珊瑚是最贵重的珍宝。红珊瑚群居而生，是水螅型的群体动物。由于其外观酷似植物，曾一度被人类视为海底植物，当红珊瑚将特有的触手全部展开时，整株珊瑚像是盛开了花朵的树苗。实际上，红珊瑚与水母、海葵和石珊瑚是同类。它们通体呈红色，且红色色调深浅不一，部分红色近乎白色。它们生长在阳光较少的岩石底部，对水质清澈度要求极高，因为水中沉积物会在红珊瑚聚落生长初期导致其窒息而亡。红珊瑚最常见的生长区域便是海底洞穴的拱顶上，在此，红珊瑚以每年几毫米的速度缓慢长大。

体长：30 厘米　活动深度：300 米

31. 蛋黄水母（*Cotylorhiza tuberculata*）

蛋黄水母外观呈伞形，体色呈橘黄色，身体呈中央鼓起的圆盘式，像是一个“小圆顶”，很容易令人联想到煎蛋，因此也极易辨认。在蛋黄水母的身体下方可以见到八个分支繁复的口腕，上有短触手，末端是紫色小圆盘。这种水母在海中颇为常见，夏季时更是成群结队漂浮在开阔的海域中。它们的触手毒性不强，对人类无害，小鱼会游到它们之间寻求庇护。

体长：35 厘米（伞膜直径）　活动深度：海面到海面下数米处

32. 大江珧蛤（*Pinna nobilis*）

大江珧蛤是地中海中的软体动物之王。它们有一对三角形的外壳，生活在沙质或泥沙混合型的海床上，沙土会埋没其身体的一半。大江珧蛤用“足丝”将自己紧紧地固定在海床上，这种足丝在古代是高级衣物的纺织原料。年幼的大江珧蛤的外壳上覆盖着小刺，随着成长，小刺逐渐消失，被诸如藻类、苔藓虫、海绵等生物所取代，使大江珧蛤成为小型的生命绿洲。一些小虾小蟹会在大江珧蛤的壳内与它们共生，因为这样既能藏身，还能找到食物。

体长：90 厘米　活动深度：3 ~ 40 米

33. 紫海胆（*Sphaerechinus granularis*）

紫海胆体形优雅，形态浑圆，凸起的尖刺末端泛白。它们通常出现在海神草草甸附近，沙质与碎石混合型的海床上以及光照不良的礁岩岩壁上。与其他海胆一样，它们靠复杂的运动器官间的联动实现移动。这些器官包括棘刺和末端长着吸盘、可以伸缩的管足，其中，吸盘能牢牢地抓住海床表面。它们靠身体下方的口中伸出的五个牙齿来刮擦藻类为食。它们不喜欢阳光，因此白天喜欢藏在海藻下，或用鹅卵石及贝壳遮盖身体以躲避阳光。

体长：13 厘米　活动深度：5 ~ 100 米

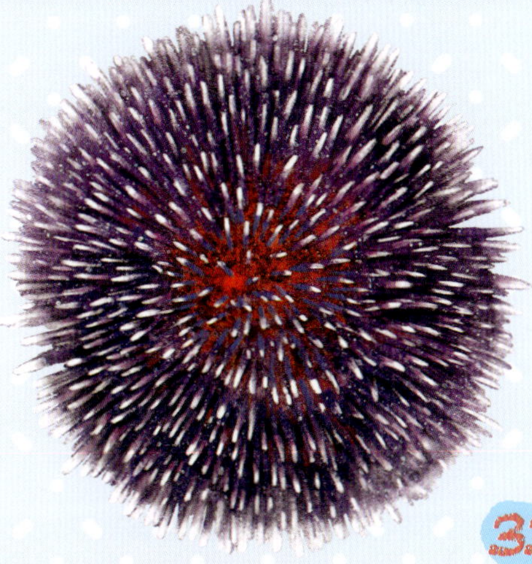

34. 红色梳子海星（*Astropecten aranciacus*）

红色梳子海星栖息在沙质海床上，是地中海中最大的海星。它们有五个扁平的三角形腕足，从中央身体辐射伸出，腕足边缘有棘刺，腹部有运动器官管足。它们的体色通常呈浅红色或橙色，背部有较深的斑点，长着口器的腹侧则是白色。白天，它们埋藏在沙中，只能隐约看出其特有的星形轮廓，夜里便会活跃起来，在海底捕捉蠕虫和软体动物。它们会把软体动物的壳从口中吐出来，在海床上堆成一堆。

体长：60 厘米　活动深度：2 ~ 100 米

35. 地中海贻贝（*Mytilus galloprovincialis*）

地中海贻贝是有名的美味海鲜，地中海沿岸的人们已有数百年的贻贝养殖经验。贻贝是一种双壳类软体动物，黑色的壳有光泽，细长的外壳一头尖、一头圆。它们在海床上靠伸在壳外的足丝固定身体，喜欢紧靠着彼此，可以附着在任何海边的坚硬基质上，如岩石、电线杆、码头和水坝等。无论在开放海域，还是潟湖或是潮汐带，都能见到它们的身影。养殖者利用贻贝的这一特性，在适合的地点进行采集与养殖。它们以过滤微藻和微生物为食，如果它们生活在受污染的水域中并被人类食用，可能会发生问题。

体长：15 厘米　活动深度：1 ~ 20 米

东北大西洋

东北大西洋是这片大洋的东北端。在大西洋另一端生成的墨西哥洋流在此结束了漫长的旅行，而我们的讲述便从这里开始。

墨西哥洋流的存在对欧洲沿海地区至关重要。它吸收了加勒比海和墨西哥湾的热量，将暖流运送到大西洋沿岸的欧洲国家，从法国北部到英伦群岛，再到挪威和冰岛，与同纬度的地区以及更低纬度的沿海国家相比，这些国家得以享受到更温和的气候。

大西洋到了欧洲沿岸就没那么壮观了，它逐渐碎片化为海峡，例如通往地中海的直布罗陀海峡，位于爱尔兰海北端的北海海峡，南端的圣乔治海峡，以及欧洲大陆与英国之间的英吉利海峡和多佛海峡，等等。多佛海峡连接大西洋和北海，而北海的北端又延伸到挪威海。

北海是一片广阔的半封闭海域，以沿岸地貌变化多端和丰富多样的栖息地著称，从悬崖绵延至莱茵河和默兹河等大型河流的河口是海鸟和观鸟人的天堂。这里有砾石滩和沙滩，有些地方还有沙丘及沼泽平原。北海的深度比较浅，因此，大量鱼群选择在这里栖息，使得北海成为世界主要的渔场之一。人们每年都能在北海捕获大量鱼类，例如鲱鱼，这也许就是北海的象征之鱼。

往东前进，我们抵达丹麦和挪威之间的斯卡格拉克海峡，再往东便是丹麦和瑞典之间的卡特海峡，而卡特海峡通往波罗的海区域又被岛屿分割成三个小海峡。远离大西洋的波罗的海别具特色，这片海的深度很浅，许多海域冬季会结冰，由于有多条淡水河流注入，海水咸度随之降低。

波罗的海是一片年轻的海洋，在大约 1 万年前的冰河时期结束后形成，同时也是世界上面积最大的半咸水水域。这里栖息着多种海洋和淡水生物，其中不少是人间美味，如海鲈鱼、鲱鱼、鲑鱼、鳗鱼，等等，后两者在海水和淡水中皆可生活。这里还是地球上重要的动物越冬区，每年有 30 多种鸟类在此停留，数量达数百万之多。这片海域也是许多海洋物种的地理分布极限，在此它们纷纷开始了本地化演变并成为不同物种。波罗的海的鼠海豚是一种小型海豚，是波罗的海特有的物种，只在此繁衍生息，但也因为这一习性，波罗的海的鼠海豚有灭绝的可能。

东北大西洋的海洋动物

14
8
11
13
6
8
15
21
19
3
2
1
20

东北大西洋的海洋动物

1. 鳎（*Solea solea*）

鳎是典型的扁平鱼，身体左侧朝下，长着双眼的右侧朝上。它们的身体呈椭圆形，体重可达 3 千克。它们喜欢待在沙质或泥泞的海床上，有着高明的伪装能力，白天潜伏在泥沙中，夜间活跃起来，捕捉蠕虫、甲壳动物和软体动物，有时也会捕猎小型鱼类，并会追逐它们到离海床很远的地方。

体长：70 厘米　活动深度：1 ~ 150 米

2. 鮟鱇（*Lophius piscatorius*）

鮟鱇属于大型鱼类，可以重达 40 千克，它们的身体由两部分构成——巨型嘴，以及爱吃鱼的人都知道的“鮟鱇鱼尾”。鮟鱇一般栖息在海床上，其身体颜色和半钻进泥沙中的习性可以帮助它们很好地伪装起来。它们的一片背鳍特化为长长的鳍条以吸引猎物上钩。鳍条顶端形状似鱼或蠕虫的诱饵灵活地在水中摆动，一旦有鱼靠近，它们会猛然张开布满利齿的大嘴，毫不留情地将猎物吞食。

体长：2 米　活动深度：20 ~ 1000 米

3. 鲽（*Pleuronectes platessa*）

鲽和鳎鱼一样，都是扁平鱼类。它们的身体左侧总是朝下，而长着双眼的右侧朝上，体色多为棕色，并散布着典型的红色和橙色大圆斑。它们的身体呈椭圆形，边缘长着长长的鳍。鲽鱼是重要的经济鱼类，几个世纪以来一直是欧洲大西洋沿岸的捕捞对象。它们喜欢生活在泥沙底质的浅海中，幼鱼生活在近岸海域，成鱼会前往更深更远的海域，活动深度可达 200 米。它们白天藏身于沙子中，到了晚上便去捕食软体动物和甲壳动物。

体长：1 米　活动深度：1 ~ 200 米

4. 灯鲂鮄（*Chelidonichthys lucerna*）

灯鲂鮄是一种特别有趣的鱼类，主要靠特殊的习性在海床上生存。它们身体庞大，有两片背鳍，还有一个坚硬骨板和棘刺保护着的大头。它们栖息在沙质或砾石的海床上，不仅能游来游去，还会通过胸鳍上几根特别的、末端蓝色的鳍条“走路”。这种鱼的另一个特别之处在于能发出声音与同伴交流，这些声音是由特定肌肉挤压鱼鳔内空气，使相连的隔膜震动而产生的。它们会用布满感觉细胞的吻部挖土，以寻找食物，猎物包括海床上的软体动物、甲壳动物和小鱼。

体长：75 厘米　**活动深度：**20 ~ 300 米

5. 短吻真海豚（*Delphinus delphis*）

短吻真海豚身体呈纺锤形，且极富流线线条，这样的体态便于它们在海中游动。短喙般的吻部以及身上的彩色线条令它们成为古代绘画的主角之一。短吻真海豚属于鲸豚类，喜欢成群出游，追逐着爱吃的小型鱼类和鱿鱼，在海中不同区域间游动。它们游速极快，可达每小时 40 千米，还会如杂耍般以各种姿势跃出水面。它们通过发出丰富的口哨般的声音与同伴沟通。

体长：2.4 米　**活动深度：**1 ~ 300 米

6. 大西洋鲑鱼（*Salmo salar*）

大西洋鲑鱼如今已经开始被人类用巨大网箱进行大量的人工养殖。其外形与鳟鱼相似，不同之处在于它们较短的吻部、仅出现在背部的斑点和中央略微凹陷的尾鳍。同其他鲑鱼一样，大西洋鲑鱼可以生活在河流中，并在一生中多次在大海和淡水间洄游，在河流中繁殖，然后返回大海。大西洋鲑鱼的洄游习性与太平洋鲑鱼不同，后者返回河流繁殖并产卵后，便走向生命的尽头，而幼鱼在河流中至少生活两年后才会游往大海。

体长：1.5 米　**活动深度：**1 ~ 210 米

通体漆黑，只有喉部和腹部为白色，眼睛后方有灰白色斑点。雄性拥有高耸的背鳍。

7. 虎鲸（*Orcinus orca*）

虎鲸是有牙齿的大型齿鲸，尽管体形庞大，但仍属于海豚科，而不属于鲸类或须鲸类。它们通体漆黑，表皮如橡胶般光滑富有弹性，喉部和腹部为白色，眼睛后方还有两块独特的灰白色斑点。虎鲸非常聪明，群居而生，群体中多为雌性和幼鲸，通常会合作捕猎。动物专家们根据不同的习性把虎鲸分成两种群体：一种是定居型的虎鲸群，生活在固定地点，以鱼类为食；另一种是过境型的虎鲸群，通常捕食海豚和海狮。雄虎鲸体形十分庞大，显著特征是近 2 米高的三角形背鳍。背鳍也是评估虎鲸健康状况的依据，当虎鲸生病时，它们的鳍便会下垂。

体长：9.75 米　**活动深度：**1 ~ 1030 米

8. 大西洋鲱（*Clupea harengus*）

大西洋鲱是鳀鱼和沙丁鱼的亲戚，但大西洋鲱的体形更大。它们的身体呈纺锤形，长着大片的鱼鳞，背部鳞片偏蓝色，腹部为银色。这种身体着色方式是一种典型的海洋适应方式，常被称为“蓝鱼”，无论海鸟从天空朝下看，还是海中更深处的掠食类鱼类朝上望，都不容易发现它们。大西洋鲱以十分密集的群体方式生活和游动，在种群内根据大小、习性和产卵区差异，而在内部形成数个不同的区域性族群。一到繁殖期，密集的群体会挤得更密，每立方米多达 100 条，而雌鱼会产下大量的卵，在海床上堆积成足有几厘米厚的一层。

体长：45 厘米　**活动深度：**1 ~ 350 米

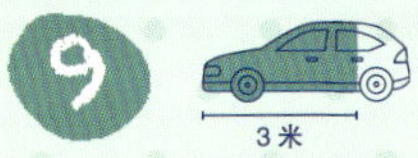

9. 北极熊（*Ursus maritimus*）

北极熊是北极的象征，又名“白熊”。它们是世界上最大的陆地食肉动物，对人类来说也很危险。北极熊已经完美适应了极地气候和冰上生活，结实的身体覆盖的白色厚皮毛起到拟态的作用，皮下还有一层保暖效果极佳的厚脂肪，令它们不惧近冰点的寒冷水域，仍能在水中畅游。它们的主要食物是海豹，会趁海豹从冰洞中浮起换气时将其捕获。如今，北极熊的生存受到了气候变化导致的北极冰层缩小的严重威胁。

体长：3 米　**活动深度：**可以潜水 4 ~ 5 米

10. 灰海豹（*Halichoerus grypus*）

灰海豹虽然体色多变，但都拥有大理石般的花纹，背部密集的斑点，以及头部、喉部和腹部整齐均匀的浅色斑点。雄性灰海豹的体积较雌性大出一倍，且富有攻击性。灰海豹小群体聚居，栖息在沿海穿插着沙滩的岩石滩上。小海豹出生时重约 15 千克，体色为特征性的白色。灰海豹是极为出色的鱼类捕手，能够追逐鱼群至 150 米深的海水中，可在水下活动潜游 20 分钟。

体长：3 米（成年雄性）　**活动深度：**0 ~ 150 米

11. 僧帽水母（*Physalia physalis*）

僧帽水母又名“葡萄牙战舰”，是海葵和珊瑚的远亲。与海葵和珊瑚不同的是，僧帽水母并不将自己固定在海床上，而是利用超大的紫色浮鳔随着风或洋流浮游。这种鳔也被称为“浮囊”，内部充满气体，看起来像是一个气球。尽管僧帽水母的外观像水母，但实际上却是水螅体及水母的群落，每个个体都高度专业化，分别负责生殖、觅食和防御。其中，觅食和防御由极细触手完成，这些触手从浮囊处垂下，可长达 30 米。这些几乎细不可见的触手是致命的陷阱，因为上面散落着剧毒的刺细胞，能够麻痹猎物，对人类来说也极其危险。

体长：30 米（含触手在内） **活动深度：**海面附近

12. 狮鬃水母（*Cyanea capillata*）

狮鬃水母曾是神探福尔摩斯办过的著名案件之一的主角。它们相当鲜艳的橙色身体和密集的浅红色短触手令人印象深刻，意大利人称其为“美杜莎式狮鬃水母”。其伞膜直径可达 80 厘米或更长，下面连接的长触手更是增加了体长。它们的触手上带有剧毒的刺细胞，众多毒刺加上狮鬃水母庞大的体积令它们成为大西洋较冷海域中的危险生物。它们可以随着洋流在 10 ~ 20 米的水深中漂荡。

体长：10 米（含触手在内） **活动深度：**1 ~ 85 米

13. 象鲨（*Cetorhinus maximus*）

象鲨是世界上第二大的鲨鱼，虽然它们看上去很可怕，但是完全不会攻击人类，因为它们主要以浮游生物和小鱼为食。象鲨的五个大鳃孔内有鳃耙，能过滤出海水中的食物。它们张开大嘴，一边游一边吃，每小时能过滤超过 100 万升的海水。庞大的象鲨体重高达 3 吨，拥有一张巨大的嘴、一片高耸的三角形背鳍和一片新月形分叉的尾鳍。它们经常一动不动地待在靠近海面的海水表层，将背鳍露出水面，甚至翻身把腹部暴露在空气中，据说这是为了晒太阳取暖。

体长：12 米　**活动深度：**1 ~ 2000 米

大鳃孔，巨大的嘴，三角形的背鳍和新月形分叉的尾鳍。

14. 欧洲无须鳕（*Merluccius merluccius*）

欧洲无须鳕是大西洋渔业的重要鱼种，体形修长，有两片背鳍，背部呈石板灰色，体色自身体两侧逐渐变浅，至腹部转为白色。它们的嘴很大，有三排锋利的牙齿，口腔是黑色的。它们的寿命很长，可以长达 20 年，体重超过 10 千克。它们栖息在海床附近，夜间从海底游至海面猎鱼，如鲭鱼、沙丁鱼、凤尾鱼和鱿鱼等。每年光一条成年雌性欧洲无须鳕就能产下 30 万枚卵，这些鱼卵会漂浮在海面上。

体长：1.4 米　**活动深度：**30～1000 米

15. 大西洋鳕鱼（*Gadus morhua*）

大西洋鳕鱼是世界上最著名的鱼类之一，也是北大西洋沿岸许多国家的重要经济来源，人们将其捕捞起来风干或盐腌保存。大西洋鳕鱼体重可达 80 千克，拥有纺锤形的身体、三片背鳍和一根长在下颚上的触须。它们的体色从淡黄色到浅绿色，并且带有小斑点和一条白色横条纹。它们成群结队生活，每个群体可达数千条鱼。大西洋鳕鱼也是已知最多产的鱼类之一，一条体重 15 千克的雌性成鱼可以产下多达 700 万枚卵。英国著名作家吉卜林的儿童冒险小说《勇敢的船长》讲述的就是捕捞大西洋鳕鱼的故事。

体长：2 米　**活动深度：**1～600 米

16. 欧洲康吉鳗（*Conger conger*）

欧洲康吉鳗外形像蛇，与鳗鱼和海鳗相似，但体积要大得多，体重能超过 30 千克。它们的背部和身体两侧呈灰棕色，腹部则颜色较浅。它们可以在深达 1 千米的海水中活动，偏好多裂隙或洞穴的栖息地，例如岩石和沉船。在夜间，它们凭借敏锐的嗅觉外出捕食。它们的嘴十分发达，口腔内颌齿锋利，能够咬碎甲壳生物的外壳。有趣的是，当它们重回自己的巢穴时，会先把尾巴伸进去，靠尾巴上敏锐的触觉器官来检查巢穴是否安全。

体长：3 米　**活动深度：**1～1171 米

17. 多锯鲈（*Polyprion americanus*）

多锯鲈结实强壮，有一个大头和向前突出的下颚，额头略凹陷，有第一背鳍和第二背鳍，尾鳍又宽又圆滑。成年多锯鲈体色为均匀的灰色，而幼鱼则为蓝灰色并带有白黑两色斑点。它们是乌鳍石斑鱼的亲戚，成年后喜欢栖息在数百米深的多岩石海底，甚至将巢穴安在更深处的沉船残骸中。它们的习性和体形使之成为可怕的捕食者，以鱼、甲壳和软体动物为食。与游弋在深海的成鱼相反的是，幼鱼喜欢待在海面，并时常躲在海上漂浮物的阴影下。

体长：2 米　**活动深度：**40～600 米

18. 欧洲龙虾（*Homarus gammarus*）

欧洲龙虾是螯虾的亲戚，因体积庞大而被誉为“甲壳动物之王”，身体有坚硬的外壳保护，背部呈蓝黑色，腹部呈淡黄色。欧洲龙虾用硕大强壮的螯自我防护，这对大小不同的螯一边比较长，用来剪东西，另一边比较粗壮，很适合用来压碎软体动物和较小的甲壳动物的外壳。它们喜欢蛰居在岩石海底的洞穴和缝隙中，夜间在岩壁底部的沙质海床上爬行并捕猎。它们可以在深达 150 米的水域生活。雌性欧洲龙虾能产下多达 15 万枚卵，而卵在孵化出来前会附着在雌虾腹部抱卵近 10 个月之久。

体长：70 厘米　**活动深度：**1 ~ 150 米

19. 大西洋狼鱼（*Anarhichas lupus*）

若打开大西洋狼鱼的嘴，你会清晰地看到里面的大牙齿，这些牙齿特别的外形犹如粗大的海鳗，会让不认识它们的人感到非常害怕，因此人们给它们起名为“狼鱼”。大西洋狼鱼栖息在多岩礁的海底，除了锋利的能轻易咬碎海胆、甲壳和软体动物外壳的牙齿外，其特征还包括硕大的圆头、修长的身体、一片几乎延伸整个背部的背鳍、灰棕色的表皮以及上面深色的竖直条纹。

体长：1.5 米　**活动深度：**1 ~ 600 米

20. 圆鳍鱼（*Cyclopterus lumpus*）

圆鳍鱼形态很特别，体形肥大，没有鳞片，身体两侧长满结瘤，多片腹鳍移到接近喉咙的部位，并融合在一起形成一种圆盘状的吸盘，使之能够吸附在海底的岩石上。它们的表皮通常呈灰蓝色，但繁殖期的雄鱼表皮会呈现出不寻常的橙色或红色。雄鱼在卵产下并受精后，会负责守卫，直至幼鱼孵化为止。

体长：60 厘米　**活动深度：**1 ~ 850 米

21. 海鲂（*Zeus faber*）

海鲂长相特别，很容易辨认，极度侧扁的身体两侧各有一块大黑斑，背鳍的鳍棘丝很长。当它们捕猎时，会从正面非常缓慢地靠近猎物，几乎看不到鳍的滑动，一旦达到适当的距离，它们的嘴便迅速向前伸咬住猎物，瞬间吞进肚中。它们通常生活在海沟周围，会在海床和海面间来回游弋。

体长：90 厘米　**活动深度：**1 ~ 1100 米

红海

红海位于非洲和亚洲之间，是一片狭长的海域，从北向南延伸近 2300 千米，最宽处为 350 千米，最窄处的曼德海峡仅有 29 千米，深度只有 130 米。红海北部经由大名鼎鼎的苏伊士人工运河与地中海相连。

红海得名于一种微小的海藻。在某些时期，这种海藻能在几天内大量繁殖，达到每升数百万个的密度，并将广阔的海域染上红色。除此之外的日子里，红海的颜色根据海床深浅不同，呈现出深海蓝到蔚蓝的不同色调。红海位于沙漠之间，几乎常年无降水，而全年无休的日照令红海海水极为清澈和温暖，即使在最深处——近 3 千米深的海底——也是如此，这使它成为全球位置最靠北的热带海洋。红海中美丽的珊瑚礁是离赤道最远的热带珊瑚礁，因此吸引了成千上万的潜水客慕名而来。

红海的珊瑚礁从海岸延伸到外海，有时宽达数千米，是现存最密集的生物群落之一。红海中生活着超过 1300 种的鱼类，其中 20% 为这里的特有品种。此外，红海中还有近 250 种珊瑚和 1000 多种无脊椎动物，如软体动物、甲壳动物和棘皮动物等。

红海位于非洲和阿拉伯半岛之间，其地理位置对人类来说十分重要。这片海域上曾航行过法老王的船只、罗马帝国的三层桨船、阿拉伯人的独桅三角帆船，以及各式各样的帆船和邮轮。这些船只在过去的数百年里推动了商业贸易，且开通了与东方的运输航线，使得珍珠、珠宝、高级纺织品、香料和香水等贵重商品得以抵达西方。如今这些船只被万吨巨轮、货柜船和商船所取代，这得益于苏伊士运河的拓宽工程，使得红海的海运量保持不断增长。然而，由于珊瑚礁的存在，红海航行中也充满着诸多危险，因此红海也是世界上沉船最多的海域之一，著名的“卡纳蒂克号”便是其中之一。在法国作家儒勒·凡尔纳的小说《环游世界 80 天》中，故事主角斐利亚·福克（Phileas Fogg）就曾在旅途中搭乘“卡纳蒂克号”。

根据地质学家和海洋学家的研究，红海的另一个独特之处在于它正从一片海洋逐渐变成真正的大洋。红海正以每年几厘米的速度变宽，未来将会把非洲和阿拉伯半岛完全分开。

红海的海洋动物

4
14
14
15
17
18
15
8
12
21
13
11
9

红海的海洋动物

1. 远洋白鳍鲨（*Carcharhinus longimanus*）

远洋白鳍鲨被视为对人类最具危险性的鲨鱼之一，是典型的远洋鱼类，通过圆润的背鳍和长长的胸鳍上的白斑便很容易将其识别出来。天性使得它们喜欢靠近在游动时遇到的一切物体，以寻找可能出现的猎物，身旁还常伴有共生的领航鱼。远洋白鳍鲨日夜不停地游动着，捕猎鱼类和鱿鱼，但也不排斥吃海鸟、海龟和鲸类的尸体。

体长：3.5 米　**活动深度：**1 ~ 150 米

背鳍圆润，胸鳍很长，两种鳍的末端都分布着白斑。

2. 锈须鲨（*Nebrius ferrugineus*）

锈须鲨是鲨鱼中体形较大的一种，但行动能力又逊于其他鲨类。它们拥有长着触须的宽阔大嘴，紧靠旁边的一双小眼睛，两片离尾端很近的背鳍，和一片上半叶较长的尾鳍。它们喜欢栖息在砾石和泥沙海底，经常和其他同伴藏身在礁石洞穴中。它们通常在夜间活动，在珊瑚礁间穿梭寻找猎物，甚至会在抓捕猎物时撞坏珊瑚礁，猎物包括鱼类、章鱼和甲壳动物。

体长：3.2 米　**活动深度：**1 ~ 70 米

长着触须的大嘴，一双小眼睛，上半叶较长的尾鳍。

3. 䲟鱼（*Echeneis naucrates*）

䲟鱼是最古怪的鱼之一。古代船员很忌惮䲟鱼，认为它们能吸附在船龙骨上，迫使船停止航行。䲟鱼的背鳍已演化为一个强大的吸盘，可以吸附在大型鱼类和海龟身上，随之在海中遨游。䲟鱼细长的纺锤状体形很适合在水中游泳，当它们想短距离独立游泳时，便会暂时与宿主分离。

体长：1.1 米　活动深度：1 ~ 85 米

演化为吸盘的背鳍，体侧有镶着白边的深色带纹。

3

1.1 米

大嘴尖齿，修长的体形适合在水中活动，第二片背鳍靠近尾端。

4

4. 大魣（*Sphyraena barracuda*）

大魣是行动迅猛的捕食者，体形修长，呈纺锤形，仿佛一根利箭，第二片背鳍靠近尾端，以便加强尾鳍的动力。它们的嘴很大，长有锋利的尖齿，能够将一条大鱼撕成两半。它们的体色一般是背部呈绿色，腹部和体侧呈银色，上半身体侧有倾斜的黑带纹，下半身散布斑点。它们总是独自在礁石边缘游弋，随时准备给予猎物快速的致命一击。

体长：2 米　活动深度：1 ~ 100 米

5. 纳氏鹞鲼（*Aetobatus narinari*）

纳氏鹞鲼的体重可达 200 多千克，在水中游动时，宽阔的胸鳍形似翅膀，仿佛可以在蔚蓝的海水中轻舞飞扬。它们是一种已经演化为适应远洋生活的鱼类，典型特征是布满斑点的身体、一根长长的尾巴，以及扁圆朝上的长鼻。它们有时单独行动，有时数百只成群结队地游动，还会以炫目优美的姿态跃出水面。它们觅食时会潜入海底，在泥沙中寻找小型鱼类、软体动物和甲壳动物。

体长：2.5 米　活动深度：1 ~ 80 米

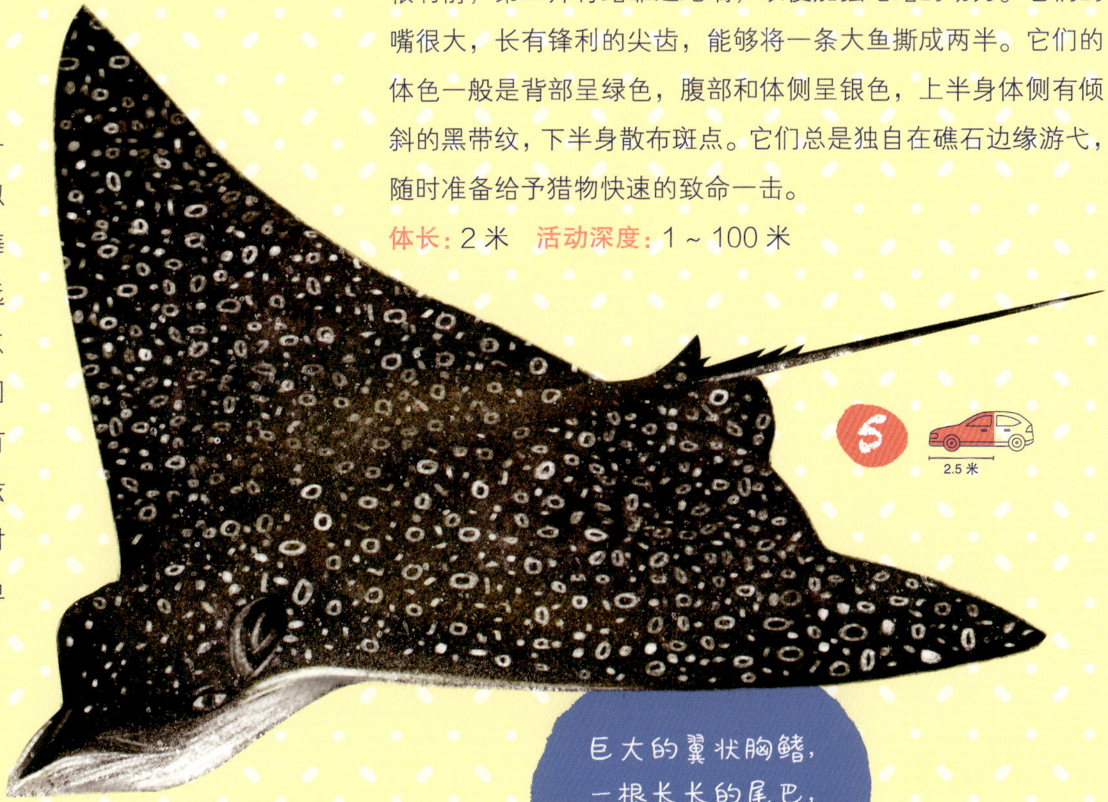

5

2.5 米

巨大的翼状胸鳍，一根长长的尾巴，犹如鸭嘴的吻部。

6. 曲纹唇鱼（*Cheilinus undulatus*）

曲纹唇鱼体重可达 200 千克，又称“苏眉”或“拿破仑鱼”，是隆头鱼类中体形最大的鱼，属于这一科的鱼还有各种锦鱼和 10 厘米长的裂唇鱼。它们的俗称“拿破仑鱼”源于其隆起的额头，令人不禁联想到拿破仑的帽子。它们的身体高大结实，覆盖着大块鳞片，大头上长着一对突起的、动来动去的巨眼，眼周有两道黑纹，厚唇大嘴能向前伸出，便于将软体动物、甲壳动物、海胆和海星吸进嘴里。

体长：2.3 米　活动深度：1 ~ 60 米

身体延长呈卵圆形，额头隆起，双唇肥厚。

7 90 厘米

7. 蓝斑条尾魟（*Taeniura lymma*）

蓝斑条尾魟有着圆盘形的身体，眼睛和呼吸用的鳃孔都长在背部中间的拱起处。它们的胸鳍很宽大，长尾巴上长有 1 ~ 2 个细长的锯齿状棘刺，人类被刺伤会很痛。背部的蓝色斑点使它们的外形看起来非常奇特。它们通常在底砂丰富的礁石区域活动，并藏身于此。夜幕降临后，它们便会前往潟湖捕捉蠕虫、甲壳动物和软体动物，并用鳍快速搅动沙石，让猎物们无处可藏。

体长：90 厘米　活动深度：2 ~ 30 米

8 30 厘米

8. 六鳃海牛（*Hexabranchus sanguineus*）

如果你看过精彩绝伦的西班牙弗拉明戈舞蹈，六鳃海牛的外观定会让你想起舞者的大裙摆。当它们离开海底开始游动时，像披风一样的镶着白边的身体边缘如波浪般收缩，仿佛是在翩翩起舞。六鳃海牛是已知的最大软体动物之一，身体主要为红色，掺杂着些许白色和橙色，鳃群显著可见。它们会载着共生的虾在海底移动，捕捉海绵。它们的卵呈波折细带状，看起来像一条褶皱的红色蕾丝。

体长：30 厘米　活动深度：1 ~ 50 米

9. 玫瑰毒鲉（*Synanceia verrucosa*）

玫瑰毒鲉是拟态高手，还是蝎子的亲戚，结实的背鳍和尖锐带毒的棘刺令它们成为热带海域的危险生物之一。它们与棘刺连接的毒袋中含有剧毒毒液，人类被刺伤后有可能丧命。它们体形短肥，眼睛小，胸鳍大，嘴是典型的垂直开口，便于猛然张开将猎物一举吞下。它们可以长时间保持静止，有时潜水员还能连续几天在同一个地方发现它们的踪迹。

体长：38 厘米　活动深度：0.5 ~ 60 米

10. 杀手芋螺（*Conus geographus*）

杀手芋螺是软体动物，有乳白色的圆锥形外壳，上面掺杂着棕色网纹。它们不起眼的外观掩盖了其热带海洋杀手的真正身份。实际上，它们能从圆锥体外壳内伸出含剧毒的针状齿舌，毒性之强能致人类死亡。它们通常栖息在沙质和碎石海底，昼伏夜出。夜间捕食小鱼时，它们就像飞镖投手一样发射毒液。

体长：15 厘米　活动深度：0.5 ~ 200 米

11. 黑星宝螺（*Cypraea tigris*）

黑星宝螺也许是最知名的一种宝螺了，在各地纪念品商店都能见到。它们浑圆的外壳如瓷器一般，平滑而富有光泽，上面密布着大大小小的黑色斑点。覆盖在外壳上的深灰色外膜起到伪装和保护作用。它们通常生活在礁岩和石珊瑚之间，白天待在光线较暗的地方，晚上出来捕捉小型甲壳动物、海绵和珊瑚虫。

体长：15 厘米　活动深度：5 ~ 40 米

12. 斑鳍蓑鲉（*Pterois miles*）

斑鳍蓑鲉的外形很特别，又名“狮子鱼”，长长的鳍条各自分离，看起来像是一片片带条纹的羽毛。实际上它们的鳍是厉害的防御武器，内藏可以活动的、连着毒囊的长棘刺，人类被刺伤的话会非常痛。它们白天藏在洞穴或礁石阴暗处，一到太阳西下，便立刻活跃起来捕猎食物，主要捕食鱼和甲壳动物。它们的视力格外出众，即使在昏暗光线下也能轻易找到猎物。

体长：38 厘米　活动深度：0.5 ~ 60 米

羽毛般的鳍
条，遍布全
身的条纹。

13. 爪哇裸胸鳝

（*Gymnothorax javanicus*）

爪哇裸胸鳝是热带珊瑚礁中最厉害的捕猎者之一。它们的体色呈棕色，布满了黑色斑点，鳃上有两个特有的深色斑点。它们白天喜欢待在洞穴中，只把身体前端和头伸在外面，每隔一段时间会张嘴，这并非是吓唬潜水者，而是便于呼吸。夜幕降临后，它们会离巢寻找猎物鱼类和章鱼，凭借敏锐的嗅觉以及强健又扭动自如的身体，在珊瑚礁中四处游动觅食。

体长：2.3 米　活动深度：1 ~ 50 米

14. 金拟花鮨

（*Pseudanthias squamipinnis*）

金拟花鮨是石斑鱼的亲戚，也是红海广泛分布的鱼类之一。它们过着群居生活，每群几百只，通常集结在珊瑚礁附近活动。它们椭圆形的身体上长着非常发达的腹鳍和分叉明显的尾鳍，体色多变，雌鱼橘黄相间，雄鱼为紫红色，胸鳍上有一块斑。它们以浮游动物为食，白天几乎都在进食，晚上藏身于珊瑚中休息。

体长：15 厘米　活动深度：0.5 ~ 55 米

15. 双棘甲尻鱼（*Pygoplites diacanthus*）

双棘甲尻鱼别名“皇帝神仙鱼”，曾出现在古埃及小雕像上，是珊瑚礁中最鲜艳的居民之一。它们有着独特的黄蓝相间条纹，身体较扁，轮廓呈卵形，背鳍和臀鳍几乎与尾鳍连为一体。它们的嘴唇肥厚，可以用来撕碎最爱吃的海绵。它们通常单独生活，栖息在有很多缝隙和小洞的区域。

体长：25 厘米　活动深度：1 ~ 80 米

16. 圆眼燕鱼（*Platax orbicularis*）

圆眼燕鱼身体极度侧扁，呈碟形，头部陡斜，额头微微拱起，背鳍和尾鳍边缘圆钝。它们的颜色为银灰色，有颜色较深的垂直宽条纹，其中一条盖在眼睛上，看起来像是一个面具。它们过着群居生活，在珊瑚礁外坡和很深的潟湖出没，以藻类和小型无脊椎动物为食。它们的幼鱼形状颇似回力镖，加上橘褐色的身体颜色，看起来像一片枯叶。

体长：60 厘米　活动深度：5 ~ 30 米

17. 美丽鼻鱼（*Naso elegans*）

美丽鼻鱼有椭圆形的结实身体，尖尖的吻部往前突出并变窄。它们的尾鳍呈新月形，极具特色，裂片向后极度伸展。它们均匀的体色衬托出黄色的背鳍、两眼间的黄色条纹，尤其是尾柄上鲜艳的黄色斑点，典型的尖刺就长在尾柄上面。它们通常单独或成双生活，以藻类为食。

体长：45 厘米　活动深度：5 ~ 30 米

18. 黄色蝴蝶鱼（*Chaetodon semilarvatus*）

黄色蝴蝶鱼又名“红海黄金蝶”，是红海的象征，也是红海里的特有鱼类。它们鲜黄色的身上有垂直的细条纹，一块深色面具式斑块遮住眼睛，令人一眼就能认出它们来。它们一般成双生活，最喜欢的栖息地是丰茂的珊瑚和密集珊瑚礁，尤其喜欢躲在扇形珊瑚地下。侧扁的身体让它们能在珊瑚间畅游，用伸缩的小嘴捕食珊瑚虫。

体长：23 厘米　活动深度：1 ~ 20 米

背鳍和臀鳍几乎一样大，强健的嘴里有锋利的牙齿。

19. 褐拟鳞鲀（*Balistoides viridescens*）

褐拟鳞鲀是一种结实的大鱼，又称“泰坦炮弹”，以在繁殖期十分好斗、有强烈的领域性、会驱离包括潜水客在内的所有靠近的游动生物而著称，体色呈灰黄色，鳞片中央比较暗。它们锋利坚硬的牙齿有助于捕食带壳的生物，如双壳软体动物或甲壳动物，甚至连海胆这种显然难以下咽的生物也在它们的食谱内。一旦它们凭借第一片粗短的背鳍钻进礁石缝隙内的巢穴，就几乎不可能再引诱其出来了。

体长：75 厘米　**活动深度：**1 ~ 40 米

遍布全身的蓝
色斑点，圆润
的尾鳍。

20. 青星九棘鲈（*Cephalopholis miniata*）

青星九棘鲈又称“东星斑”，是礁石区最艳丽的鱼类之一。尽管它们的体形不算太大，但绝对是非常美丽、极易识别的一种鱼类了，因为它们橘红色的身体上遍布着蓝色斑点。青星九棘鲈是一种领域性强的鱼类，一条雄鱼会占领一块领地，并同数条雌鱼共同生活。它们通常在黎明后不久和黄昏之前最为活跃，主要捕食小型鱼类。有意思的是，它们的幼鱼体色为黄色，以避免在游进成鱼领地时被攻击。

体长：40 厘米　活动深度：1 ~ 150 米

眼睛罩着镶蓝边的
眼罩式斑纹，体侧
黄色和蓝色的条纹
相间，尾巴黄色。

21. 主刺盖鱼（*Pomacanthus imperator*）

主刺盖鱼是盖刺鱼科种的大个头，是珊瑚礁区最知名的鱼类之一，也是各地水族馆的常客。它们体色优雅，以黄蓝相间的条纹为特征，吻部浅蓝色，尾鳍黄色，眼睛罩着镶蓝边的眼罩式斑纹。有趣的是，幼鱼身体花纹是呈同心圆分布的白色条纹，在通过具有攻击性的成鱼地盘时这种花纹能帮助它们避开袭击。通常，它们以海绵和藻类为食，受到威胁时能发出低沉的咕噜声。

体长：40 厘米　**活动深度：**3～70 米

印度洋

印度洋是世界第三大洋，与其他大洋的最大区别在于其北面完全被陆地阻隔，并未和北极圈的寒冷海域相连。因此，印度洋可被称为热带或亚热带海洋，它周围的陆地干旱，河流较少，主要的河流包括在阿拉伯海出海的印度河，在孟加拉湾出海的恒河，以及布拉马普特拉河。后面两条河流在孟加拉湾河口处形成一个巨大的三角洲，孕育出丰富的动物，包括老虎、鳄鱼、鲨鱼、海豚和蛇，等等。

印度洋的地质形成史颇为有趣。起初，它是因为非洲、南极洲和大洋洲彼此分离而诞生的，这三大洲加上亚洲便形成了印度洋的陆界。就如它的名字所示，印度板块对这个大洋的形成影响巨大。印度板块与包括非洲在内的超级大陆分离后，向北漂流数千万年，最终撞上欧亚板块。这次碰撞造成了海洋的封闭和喜马拉雅山脉的隆起，印度板块至今仍在运动着，以每年 5 厘米的速度俯冲入亚欧板块，印度洋则得以继续扩展。

印度洋几乎被印度这块庞大的三角形陆地一分为二，向南延展8000千米，直到非洲南端和大洋洲。在广阔的海面上，强劲的季风交替出现，不仅造成了整个地区的旱季和雨季，还导致洋流转向和海水温度变化，因为强风会引起深海里寒冷的海水上升。

我们不难发现，印度洋的西部与东部不同，西部拥有像马达加斯加这样的大型岛屿，和塞舌尔群岛、马尔代夫群岛、斯里兰卡群岛、拉卡迪夫群岛这样的岛屿，以及位于南回归线和赤道之间的查戈斯群岛。查戈斯群岛再往南只剩茫茫大海，几乎没有陆地。

印度洋的海洋动物

2
17
3
17
16
9
14
10
11
8
15
7

印度洋的海洋动物

1. 座头鲸（*Megaptera novaeangliae*）

座头鲸是最大的鲸类之一，体长 19 米，体重 40 吨。同时，它们也是最易辨识的鲸类之一，巨大的胸鳍长达全身的 1/3，吻部散布着突起的感觉器官。座头鲸以其跃出水面的炫目身姿而闻名，跃起时几乎全身腾空。它们的歌声十分悦耳，更有趣的是，生活在印度洋东部和西部的座头鲸歌声也不一样。

体长：19 米　活动深度：1 ~ 200 米

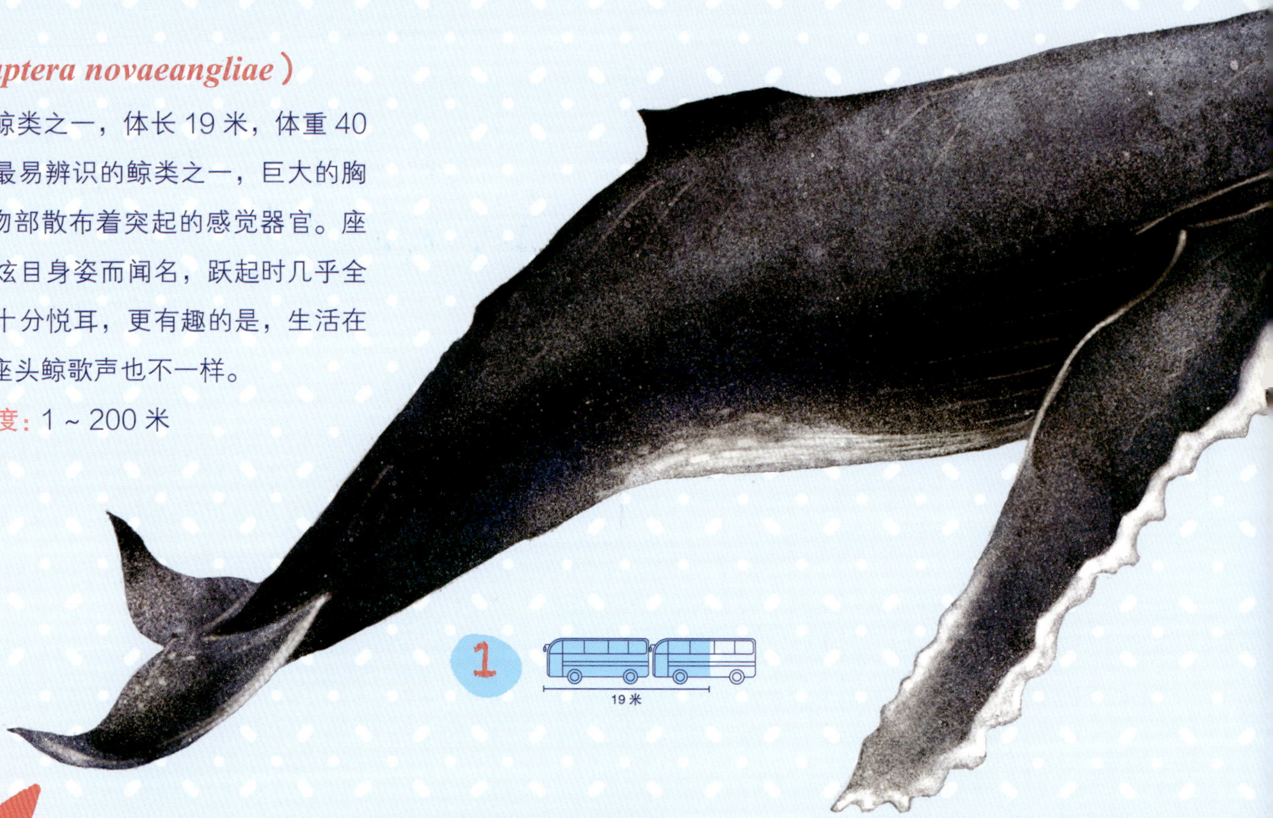

巨大的胸鳍，吻部上有突起。

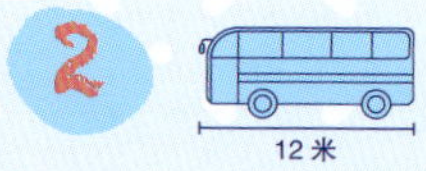

宽大扁平的嘴，体表散布白斑和纵横交错的淡色带，尾鳍下叶短于上叶。

2. 鲸鲨（*Rhincodon typus*）

人类有记载的第一次在印度洋捕获鲸鲨的历史可以追溯到 1828 年，从此印度洋也成为研究该物种的重要区域。每年，鲸鲨都会在浮游生物增多的海域出现，如马达加斯加、莫桑比克、亚丁湾、塞舌尔、马尔代夫和斯里兰卡等。但是，目前尚不清楚这些是不同的鲸鲨族群，还是相同几群鲸鲨为了觅食而四处迁徙。

体长：12 米　活动深度：1 ~ 1800 米

3. 大白鲨（*Carcharodon carcharias*）

大白鲨是最著名也是最令人恐惧的鲨鱼，因为很多电影都将大白鲨塑造成了“凶恶”的形象，但这只是煽情主义，而非真实的科学真理。大白鲨体长超过 7 米，重达 3.4 吨，是完美的捕食者，处于海洋食物链的顶端。它们适合在海中生活的体形完美地符合流体动力学，强有力的尾部有利于发起快速攻击和瞬间加速，因此捕捉猎物经常能够手到擒来，偶尔会失手。它们的猎物包括海洋哺乳动物、金枪鱼和其他大型鱼类。

体长：7.2 米　活动深度：1 ~ 1300 米

4. 双吻前口蝠鲼（*Mobula birostris*）

双吻前口蝠鲼又名“远洋蝠鲼”，是世界上最大的蝠鲼，和所有其他海洋巨型生物相同，它们必须摄取海洋中最丰富的食物资源——小型浮游生物。它们游动时总是张着嘴，用头鳍驱赶食物，将水和浮游生物拨入口吞食。在过去，这对头鳍被人们当作角，也正因为此，这种天性温和的大鱼有个绰号叫“海中恶魔”。近年来，科学家发现，这种蝠鲼至少有两个种类，一类是生活在远洋里的双吻前口蝠鲼，另一类是生活在珊瑚礁区的阿氏前口蝠鲼（Mobula alfredi）。

体长：9 米　活动深度：1 ~ 120 米

5. 黄背梅鲷（*Caesio xanthonota*）

黄背梅鲷这种群居性的鱼生活在珊瑚礁区，常常随着洋流追逐浮游生物。它们体长约 40 厘米，纺锤形的身体和明显对称分叉的尾巴皆是它们的特征，黄色的背部和尾巴与体侧的蓝色条纹以及白色腹部形成对比，十分漂亮。它们经常出没在潟湖深处和珊瑚礁的外缘斜坡处，尤其是珊瑚礁密集的礁区外围。当食物丰富，或是为了抵御捕食者时，它们会和不同种类的梅鲷混在一起，以壮大声势。

体长：40 厘米　活动深度：1 ~ 50 米

6. 浅色双锯鱼（*Amphiprion nigripes*）

浅色双锯鱼是小丑鱼的一种，是马尔代夫的典型物种，橙色身体的鳃盖骨附近有一道明亮的白色纵纹，腹鳍和臀鳍则都是黑色，极易辨认。有些小丑鱼会和特定的海葵共生，浅色双锯鱼也不例外，与公主海葵（Heteractis magnifica）共生。每株海葵只与一对浅色双锯鱼和几条幼鱼共生，幼鱼会在成鱼死亡后接下群体的主导地位。它们已经演化出了对海葵毒触手的免疫，一生都在其间度过。偶尔游离海葵时，距离也不会超过 1 米，通常是为了赶走潜在的威胁对象。令人想不到的是，这样小体形的鱼凶起来时非常厉害。

体长：11 厘米　**活动深度**：2 ~ 25 米

7. 大口线塘鳢（*Nemateleotris magnifica*）

大口线塘鳢这种具有领域性的鱼一般在海床附近活动，一旦觉得有危险便立刻返回沙子里挖的洞穴中。它们的体长约 10 厘米，体形细长，身体末端由浅黄色渐变为暗红色。它们最明显的体征是背鳍的第一根鳍条非常长，像一把利剑，还能有规律地升降。在和其他雄鱼战斗，或是向雌鱼求爱时，这根鳍条都会竖起来。

体长：9 厘米　**活动深度**：6 ~ 70 米

8. 豹纹勾吻鳝（*Enchelycore pardalis*）

豹纹勾吻鳝有鳝类典型的蛇形身材，不过眼睛前方多了两个像角的构造，这实际上是它们的鼻孔，灵敏的嗅觉帮助它们在夜间狩猎时跟踪猎物的去向。它们的特征很突出，上下颚向内缩，吻部为钩状，露出尖利的牙齿，头部有鲜亮的橙色条纹，身体布满圆形斑点。它们把鱼类或章鱼困在礁石岩缝中后，会把身体缠绕在礁石上，再把头伸进缝隙内，用力将猎物拉出来。

体长：90 厘米　活动深度：1 ~ 60 米

9. 黄颅刺盖鱼（*Pomacanthus xanthometopon*）

黄颅刺盖鱼又名“蓝面神仙鱼”，身体高而侧扁，是珊瑚礁区鱼类典型的体形。它们的头比较短，长着大眼睛和小嘴，有细小的牙齿，可以刮下海绵和其他固着生物。它们的身体特征是镶黄边的大鳞片，仿佛戴着蓝色面具的橙色头部，黄色背鳍后面有一块黑斑。它们生活在潟湖、沟槽和外礁斜坡珊瑚丰富的区域。幼鱼颜色和成鱼不同，蓝色的身体上有垂直的白色细纹。

体长：38 厘米　活动深度：5 ~ 30 米

10. 镊口鱼（*Forcipiger longirostris*）

镊口鱼经常成对生活，是珊瑚礁区能观赏到的最有趣的鱼类之一，吻部突出延长呈管状，身体颜色鲜黄，极易辨识。珊瑚礁的缝隙中经常躲藏着许多小型甲壳动物，而镊口鱼依靠长长的吻部和镊子般的嘴部，成为几乎唯一能挖掘和进食到丰富食物的鱼类。它们的眼睛隐于黑色头部中，靠近尾巴的臀鳍上有一块黑色眼斑，能诱使捕食者以为那是眼睛而朝其发起攻击，此时镊口鱼便趁机向反方向逃跑。这种鱼也有通体全黑的品种。

体长：22 厘米　活动深度：3 ~ 200 米

11. 钝头鹦嘴鱼（*Scarus rubroviolaceus*）

钝头鹦嘴鱼的典型特征是隆起的吻部，体色会随着年龄和性别而发生变化。同家族里其他鹦嘴鱼一样，幼鱼性别为雌性，除了从体形大小判断外，还可以通过观察带黑条纹的灰白色体色、发红的头部后端来辨别，有时候连牙齿都会是红色。钝头鹦嘴鱼一旦长成成鱼，体色就会变为绿色和黄色相间，头部及腹部带蓝色斑纹，同时带有深蓝绿色牙斑。平常见到的钝头鹦嘴鱼多为一对或单条，一旦它们成百上千地结成大群，便可知繁殖期到了。夜幕降临后，它们会藏到岩缝中，并分泌一种黏液，做成犹如巨大肥皂泡泡的球，躲在里面遮蔽自己的黏味，以防被掠食者找到。

体长：70 厘米　**活动深度：**1 ~ 36 米

12. 密点胡椒鲷

（*Plectorhinchus gaterinus*）

密点胡椒鲷体格健壮，体形呈侧扁的梭形，前半身较高，呈拱形。它们的嘴唇，特别是上唇，十分丰满，这一特征让人们给它们起名为“蜜嘴儿”。它们有着独一无二的外观颜色，银色的身体上布满了数不清的黑棕色小斑点，鳍和嘴都是黄色。白天，密点胡椒鲷聚集成小群躲在轴孔珊瑚的扇形结构下或在洞穴里，到了晚上，它们出来捕食藏在泥沙中的无脊椎动物。受惊时，它们会发出哼哼声，并用鳔达到扩声的效果。

体长：50 厘米　**活动深度：**1 ~ 55 米

13. 雀尖嘴鱼（*Gomphosus caeruleus*）

雀尖嘴鱼拉长的吻部令人不禁想到鸟儿的尖喙，它们也由此而得名。它们拥有独特的吻部和特别的体色，雄性成鱼体色为蓝绿色，背鳍、臀鳍和胸鳍则为黄绿色。它们又尖又长的吻部可以在最密集的珊瑚丛中捕食鱼类、甲壳动物、蠕虫和软体动物，其他鱼类只能望尘莫及。它们平日里独自生活，只有在求爱期和繁殖期能够见到成对的雀尖嘴鱼。它们夜间在泥沙中挖土觅食，别看它们的样子很滑稽，却是敏捷迅速的游泳高手。

体长：32 厘米　**活动深度：**1 ~ 35 米

14. 叉斑锉鳞鲀（*Rhinecanthus aculeatus*）

叉斑锉鳞鲀又名“毕加索炮弹”，体形比同家族中的其他鱼类更接近纺锤形，头部像一个等边三角形。它们的背部颜色为浅黄铜色，腹部为白色，一条镶蓝边的黑色竖纹穿过眼睛，一直延伸到腹部与一条从黄色嘴唇起始的深色横纹相交，尾柄上有三条镶黑边的白色棘刺带。它们在泥沙和碎石海床很常见，属于杂食性鱼类，食谱从海藻到软体动物，从珊瑚虫到海胆和甲壳动物通通覆盖，尖利牙齿能轻松敲碎猎物的外壳。它们休息时身体一侧靠在海床上，若被打扰便会发出特别的鼾声。

体长：30 厘米　活动深度：1 ~ 150 米

15. 花斑拟鳞鲀（*Balistoides conspicillum*）

伟大的法国航海家雅克·库斯托曾说，花斑拟鳞鲀是世界上最美丽的鱼，此言非虚。花斑拟鳞鲀有着独一无二的身体花纹，身体的黑色底色上分布着白色大斑点，嘴唇为橙黄色，背鳍和臀鳍基部则是黄色，眼睛周围有黄色纹带，背上则是黄色和黑色的斑点。这种鱼通常独自生活在陡峭的海底礁岩断崖区，在靠近岩壁的地方游动，稍有危险就能钻到岩缝中躲避。

体长：50 厘米　活动深度：1 ~ 75 米

16. 镰鱼（*Zanclus cornutus*）

虽然镰鱼的外貌同立旗鲷相似，但它们却是刺尾鱼和兔头鲀的近亲。它们碟形的身体高耸且侧扁，吻部突出如长管，嘴像一把镊子，优美的轮廓主要归功于背鳍显眼的长鳍条。它们的体侧上有黑色和黄色的宽竖纹，而白色头部上则是黑色条纹，吻部有一点橙色斑点，后半身为黄色，尾巴为黑色。它们成对生活，有时也会集结成上百条的群体，主要以海绵为食。它们的幼鱼起初生活在开放海域，当长到约 6 厘米时才会游到近岸礁区。

体长：23 厘米　活动深度：3 ~ 180 米

融合成喙状的牙齿，鳞片镶着粉红色的边。

17. 青鲸鹦嘴鱼（*Cetoscarus bicolor*）

青鲸鹦嘴鱼主要分布在印度洋，也在太平洋的部分区域活动。它们偏爱水深的潟湖和富含珊瑚礁的礁区外延的斜坡，因为在这里可以找到它们喜欢吃的食物。同其他鹦嘴鱼一样，青鲸鹦嘴鱼的牙齿融合成一个强壮的喙，能把珊瑚咬碎并扯下上面的海藻来吃。雄性成鱼外表很抢眼，绿色的身体上有着条纹和斑点，鳞片的边缘为粉红色。而它们的幼鱼则长得大不一样，体色为白色，背鳍上有一块黑斑，还有一条橙色眼罩盖住眼睛和大半个头部。

体长：50 厘米　**活动深度：**1 ~ 30 米

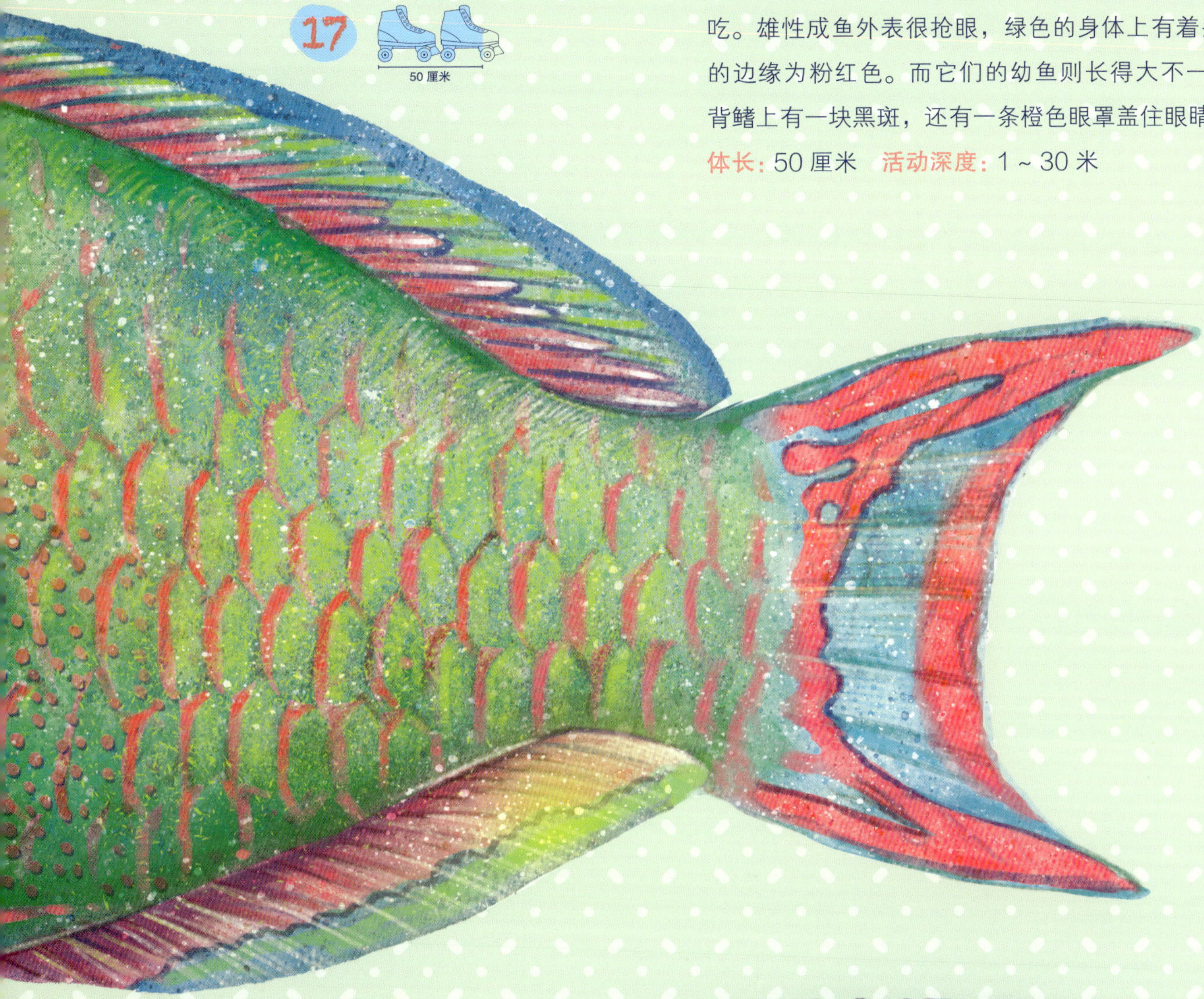

印度—太平洋海域

印度洋和西太平洋经常合称为“印度—太平洋海域”。因为从地理角度看，这片海域覆盖了两个大洋的热带海域，从生物角度来看，相连的两个大洋中有大量相同的物种，尤其是鱼类。其中有些鱼类分布很广，从红海到澳洲都有。

准确来说，在这片浩瀚的大洋中，有一块最符合这一名称的区域，可以视为两个大洋的交界地带，也就是澳大拉西亚地中海。澳大拉西亚地中海位于亚洲和澳大利亚之间的广阔海域，这里不仅有丰富的珊瑚礁，还点缀着数量繁多的大小岛屿，例如苏门答腊、爪哇和苏拉维西，以及菲律宾群岛等。从生物角度来看，澳大拉西亚地中海，知名的“珊瑚大三角”就是从这里延伸到巴布亚新几内亚，可谓是世界海洋生物多样性的中心。这片海域已经确认的有超过 1359 种鱼类和近 600 种石珊瑚。科学研究还在不断发现新的物种，有的甚至是这里最古老的生物种类。

地质分析也证实，远古时代的澳洲和亚洲曾经有一个长长的陆桥相连，如今路桥大部分已经被海水淹没，只有部分仍然露出水面。如今这片海域星罗棋布着许多珊瑚岛屿和火山喷发形成的岛屿，它们曾经随着地质的演变在海平面升高时没入水中，又在海平面下降时，特别是冰河时期，露出水面。海平面升降造成了一些各自分离的小海洋，现存的许多海盆便是证据。

它们彼此间通常有海峡相通，例如马六甲海峡、巽达海峡和民多罗海峡。每当某个海底盆地因为地质变化而封闭时，里面的鱼类、珊瑚、甲壳动物和软体动物就会和临近海域的近亲断绝联系，开始独立进化。

渐渐地，这些原本近似的生物变得越来越不一样，新的物种不断出现。前面我们曾说过，印度—太平洋海域的生物多样性多得超乎想象，便归因于此。许许多多的海洋生物组成一个海底世界，生态系统变化多端，环礁、礁岩、被深不可测的海沟环绕的蔚蓝海湾、红树林，以及巨大的海洋漩涡，在席卷海水的同时也把周围的营养物质和海洋动物幼体带走，可谓是庞大雄壮的海洋生物大洗牌。

印度—太平洋海域的海洋动物

1. 条纹豆娘鱼（*Abudefduf vaigiensis*）

条纹豆娘鱼最明显的特征是身体上的五条黑色垂直条纹，蓝色的身体向背部和腹部逐渐转变成黄色和银灰色。它们在潟湖和礁岩区极为常见，会在接近海面几米的水域集结成大群，群内每条鱼看似随机游动，但其实是在寻找海藻和小型浮游生物。条纹豆娘鱼是光鳃雀鲷的近亲，雌鱼把卵产在岩石和珊瑚礁上，雄鱼则会一直守护直至鱼卵孵化出幼鱼。在这期间，雄鱼会发出声响以驱赶掠食者。

体长：20 厘米 **活动深度：**1 ~ 15 米

2. 翻车鱼（*Mola mola*）

翻车鱼是一种体形巨大的鱼，它们有着卵圆形的身体，以及拉长呈三角形的背鳍和臀鳍。它们的垂直体长可以超过 4 米，体重可达 2.3 吨，因此它们成为全球海洋中最庞大的硬骨鱼。它们像划桨一样划动长长的鳍，游速缓慢，但避险时也能加速前行。它们的嘴很小，但有一个类似鸟喙的构造，能够捕捉并咬碎猎物，例如水母这样的浮游生物，以及乌贼、甲壳动物和小型鱼类。我们时常看到它们侧卧于水面，身边围绕着“清洁鱼”，为它们清洁数不清的寄生虫。翻车鱼的生长速度之快也无人能及，成鱼的体重是幼鱼的 6000 万倍。

体长：3.3 米 **活动深度：**1 ~ 480 米

3. 康氏躄鱼（*Antennarius commerson*）

康氏躄鱼对于潜水者来说有个比较知名的名称叫“青蛙鱼”，它们有着一流的伪装能力，能在海床上扮成海绵或长满生物的石头，让人很难在栖息地发现它们。康氏躄鱼是鮟鱇鱼的近亲，扁球形的身体表皮粗糙，背上的鳍很小，不过第一片背鳍比较特别，有一根细长的鳍条从一簇肉质突起伸出来，像诱饵一样在嘴巴前摆动。当猎物受到诱惑前来时，它们会猛然张开大嘴，一口将猎物活生生吞入肚中。

体长：45 厘米　**活动深度：**1 ~ 70 米

4. 哈氏异糯鳗（*Heteroconger hassi*）

哈氏异糯鳗长着蛇形的身体，住在沙质海床的洞穴里，会把前半身伸出洞口随洋流摆动，并摄取浮游生物。从远处观察它们很容易，一旦潜水员慢慢靠近，它们便会立刻消失不见，仿佛有一根线把它们往洞里扯似的。它们体长 40 多厘米，浅色的身体上布满小斑点，头顶和前半身上有几块大黑斑。哈氏异糯鳗过着群体穴居生活，有时候能达几百条之多。雄鱼和雌鱼在繁殖期会住在相邻的洞穴里，身体交缠，直到释放出孕育下一代的受精卵才分开。

体长：40 厘米　**活动深度：**5 ~ 50 米

5. 巴氏豆丁海马（*Hippocampus bargibanti*）

巴氏豆丁海马名副其实，它们身材娇小，一生都生活在柳珊瑚的扇叶间，全身布满了红色与橙色的节瘤。它们的伪装太过成功，人们在二十多年前才偶然发现这个物种。一位技师为了清理一株要放入水族馆的柳珊瑚时，无意中发现了藏身于内的海马。有时候一株柳珊瑚就能为 30 多条巴氏豆丁海马提供栖身之所，它们会成对在珊瑚枝条间移动。受到惊吓时，这种海马能瞬间移动，平常则是用尾巴把自己勾在柳珊瑚上。

体长：2.4 厘米　**活动深度：**16 ~ 40 米

6. 宽海蛾鱼（*Eurypegasus draconis*）

宽海蛾鱼的身体由彼此结合的坚硬骨板组成，吻部拉长成管状，嘴巴小且能伸缩。它们有扇形的胸鳍，腹鳍的前几根鳍条可以自由活动，使得它们可以以走路的方式缓慢移动。它们通常栖息在沙质与碎石海床上，或在海草原里，喜欢捕食小型甲壳动物和其他底栖类的无脊椎动物。宽海蛾鱼的雄鱼和雌鱼成对生活在海床上，身体出色的伪装与环境融为一体，还会定期脱壳，把全身的骨板都换掉。

体长：10 厘米　**活动深度：**3 ~ 91 米

7. 隐居吻鲉（*Rhinopias aphanes*）

隐居吻鲉是一种十分受潜水摄影师青睐的罕见鱼类，通常栖息在礁区斜坡或临近的沙质海床上。它们是鲉鱼的近亲，头部上的额头向下凹陷，吻部向前突出，向上翘的嘴可以吞进体积很大的猎物。它们的体色变化多端，有黄色、棕色、紫红色、绿色和黑色，身上还有网状纹路，加上丝状附器，使它们与周围环境融为一体。不光如此，其十分缓慢的移动更强化了伪装。隐居吻鲉通常静止不动，靠鳍来跳动，长期的静止状态使其身上逐渐积累沉积物，于是它们会定期蜕皮以达到清洁效果。

体长：25 厘米　**活动深度：**5 ~ 30 米

8. 眼斑双锯鱼（*Amphiprion ocellaris*）

眼斑双锯鱼是最受欢迎的热带鱼之一，又被称为“小丑鱼”，《海底总动员》这部电影更是提高了它们的人气。它们与多种不同的海葵共生，通常选择其栖息环境中海葵最茂盛处活动。小丑鱼鱼群内有阶级之分，年轻的鱼如果来到已经有别的鱼占据的海葵定居，那么它们的地位是最低的，最强壮的雄鱼和雌鱼地位最高。只有最高阶的雄鱼和雌鱼能够交配繁殖，把鱼卵产在海葵基部。眼斑双锯鱼早已演化出不怕触手的习性，鱼卵除了被亲鱼看护外，还能被海葵有毒的触手保护起来。

体长：11 厘米　**活动深度：**1 ~ 15 米

9. 银线弹涂鱼（*Periophthalmus argentilineatus*）

银线弹涂鱼是一种奇特的鱼，它们圆鼓鼓的眼睛位于头前方，当半浸在水中时，它们既能看到水里的景象，也能看到水面上的图像。它们的胸鳍变成一对小脚的样子，能让它们在退潮后的泥沙地上行走或弹跳，所以它们也被俗称为“跳跳鱼”。这种小型鱼类能够离水存活几个小时，透过湿润的皮肤和鳃里储存的水分呼吸。基于这个习性，过去它们总是被误认为是青蛙或蟾蜍。

体长：19 厘米　**活动深度：**0 ~ 1 米

10. 尖吻鹰䱵（*Oxycirrhites typus*）

尖吻鹰䱵这种小型鱼的身体又扁又细长，有着一个尖头的长吻和一双大眼睛，镊子似的嘴巴很适合捕捉甲壳动物和小鱼。它们的胸鳍很长，尾鳍宽大，后缘近乎垂直，浅黄色的身体上有红色的格子纹路，这也是它们独有的特征。它们成对生活，平时静静地躲在柳珊瑚内，和外界环境融为一体。

体长：13 厘米　**活动深度**：1 ~ 100 米

11. 斑点豹纹蛸（*Hapalochlaena maculosa*）

斑点豹纹蛸是它们所在热带海域中最危险的物种之一，其危险程度不亚于鲨鱼和海蛇。在察觉到危险时，它们全身会冒出鲜艳的蓝色环斑，以使自己看起来更醒目。这是不容忽视的警告，因为它们的毒液几分钟内就足以杀死一个人。海水退潮后海滩上会出现一些几厘米深的水塘，里面有时也会有斑点豹纹蛸。它们通常在夜间离巢捕食鱼类和甲壳动物，在水里喷出毒液杀死猎物。

体长：22 厘米　**活动深度**：1 ~ 50 米

12. 剃刀鱼（*Solenostomus paradoxus*）

剃刀鱼体形细小且扁平，身体覆盖着骨板，全身长满了丝状附器，看起来像长着毛，这独一无二的外形十分奇特。它们的典型特征是管状的长吻部和小而斜的嘴。它们的第一片背鳍很高，第二片背鳍比较低而且靠近身体末端，与臀鳍上下相对。雌鱼的腹鳍特化为一个育儿囊，在其中孵化幼鱼。它们的体色差异很大，并有各种斑点和纹路。它们通常生活在柳珊瑚和海藻附近，跟随洋流移动，总是伺机捕食小型甲壳动物和浮游生物。要是潜水者能识破伪装找到它们，就能发现它们一般成对生活。

体长：12 厘米　**活动深度**：4 ~ 35 米

13. 侧牙鲈（*Variola louti*）

侧牙鲈有着纺锤形的身体和椭圆形的头，经常半张着大嘴游动，露出口中坚固的利齿。背鳍和臀鳍末端很尖，腹鳍略呈镰刀状，新月形的尾鳍分叉为长而尖的叶片。它们的体色十分亮眼，棕红色的底色透过海水折射成橘红色，全身布满不规则的蓝色、粉红色和紫色小斑点，鳍的末端呈黄色。侧牙鲈具有领域性，喜欢在洋流微弱的礁区安家，地盘大小取决于食物多寡。它们会捕食大型鱼类，就算是有毒的鲉鱼和鳞鲀类，也照吃不误。

体长：83 厘米　**活动深度**：3 ~ 300 米

14. 史氏海龙（*Corythoichthys schultzi*）

史氏海龙呈圆筒形，鱼身形格外细长，圆圆的头上伸出又扁又长的吻部，一双凸起的眼睛很醒目，尾鳍很小。它们喜欢生活在珊瑚礁区、海草原和沙质与碎石海床上，外形使它们很容易在这些地方伪装藏身。它们以浮游生物和小型甲壳动物为食，用吻部像吸管一样吸食食物。繁殖期间，雄鱼和雌鱼会跳一种复杂的交配舞蹈，雌鱼在舞跳完的时候把卵交给雄鱼保护（和海马一样）。

体长： 16 厘米　**活动深度：** 2 ~ 30 米

15. 瑰丽七夕鱼（*Calloplesiops altivelis*）

瑰丽七夕鱼的身体是侧扁的椭圆形，吻部很短，眼睛相对较大，大嘴歪斜。它们的腹鳍非常长，背鳍、尾鳍和臀鳍发达宽阔，像是一片片叶子，侧面看轮廓几乎快连成一片了。它们的体色很深，包括鳍在内的全身布满白色或浅蓝色斑点，背鳍后缘有一块镶蓝边的黑色眼斑，起到防御的作用。当遇到危险时，它们会立刻躲进海床的缝隙内，只让后半身那块眼斑露在外面，再加上它们摆动鳍的方式，看起来很像白口裸胸鳝（Gymnothorax Meleagris），足以吓跑捕食者。

体长： 20 厘米　**活动深度：** 3 ~ 50 米

16. 考氏鳍竺鲷（*Pterapogon kauderni*）

人类介入海洋会造成什么样的影响？考氏鳍竺鲷的故事可谓是最佳解答。这种小鱼有着浑圆的大眼睛和宽大的嘴，银色的身体上布满白斑，两侧还有三条垂直的黑条纹。它们有两片背鳍，尾鳍分叉成两片，尾柄很短。幼鱼会躲在刺冠海胆的长棘刺下避敌。考氏鳍竺鲷原产于印尼邦盖群岛，20 世纪 90 年代开始受到水族爱好者的追捧，从原产地被出口到各地，所以现在即使在距离邦盖群岛很远的地方也能觅得它们的踪迹。

体长： 8 厘米　**活动深度：** 1 ~ 16 米

17. 尖吻鲀（*Oxymonacanthus longirostris*）

尖吻鲀有着梭形的身体，拉长的吻部和管状的小嘴。它们第一片背鳍上的鳍条长在眼睛上方，并和吻部等长。尾鳍形状圆滑，尾巴上有一块黑斑，蓝绿色的身体上布满了橙色斑点。它们栖息在有石珊瑚的地方，无论是觅食还是夜晚躲进珊瑚丛中睡觉，它们都不会离开。尖吻鲀成对生活，在死亡的大型珊瑚根部筑巢，并且把鱼卵藏在附近的海藻林中。

体长： 12 厘米　**活动深度：** 1 ~ 35 米

18. 四线笛鲷（*Lutjanus kasmira*）

四线笛鲷是一种梭形且扁平的鱼，身体垂直高度不大，尖尖的吻部上有一张长满尖牙的嘴，腹部颜色发白，亮黄色的身体衬得黑色双眼和四条镶黑边的蓝色横纹带尤为突出，这也是它们名字的由来。它们喜欢栖息在较浅的潟湖和礁岩处，白天成群待在有大量珊瑚聚集形成阴影区的洞穴附近，晚上各自分散，在海床上或活动的水层里捕食甲壳动物、鱼类和乌贼。

体长：40 厘米　**活动深度：**3 ~ 265 米

19. 多棘立旗鲷（*Heniochus diphreutes*）

多棘立旗鲷有侧扁且接近三角形的身体，头部侧面看起来略凹陷，吻部较短。它们白色的身体上覆盖着两条宽大的斜向黑色竖纹，从背鳍一直延伸到胸鳍。它们的眼睛处也有一块面具般的黑斑，背鳍和胸鳍的后端为黄色，向后延伸拉长的背鳍是这种鱼最大的特征。它们成群结队地游动，有时能结成很大一群，吃浮游生物，这与通常偏好吃珊瑚虫的其他蝴蝶鱼不同。它们的幼鱼也是所谓的"清洁鱼"的一种。

体长：21 厘米　**活动深度：**5 ~ 210 米

20. 拟刺尾鲷（*Paracanthurus hepatus*）

《海底总动员》里的多莉就是一条拟刺尾鲷。它们椭圆形的身体十分优美，鲜艳的蓝色身体上有一块宽大的黑色纹带从尾巴向前方延伸，大约在体侧中央分成两股，中间露出一块蓝色的底色。它们的尾鳍为黄色，其他鳍的边缘则为黑色。它们的尾柄上有一根连着毒囊的利刺，锋利如手术刀，故亦被称为"外科医生鱼"。它们的幼鱼以浮游生物为食，而成鱼除了吃浮游生物，还吃海藻，这一习性也能帮助珊瑚免受海藻覆盖而窒息。它们喜欢在有许多千孔珊瑚的礁区活动，尤其是幼鱼，因为珊瑚繁复的枝杈是藏身的好地方。

体长：31 厘米　**活动深度：**2 ~ 40 米

宽大的尾鳍，大
大的眼睛，背鳍
的第一根鳍条格
外发达。

21. 花斑连鳍（*Synchiropus splendidus*）

花斑连鳍属于鼠鱼衔科，身体颜色缤纷绚丽，交织着绿色、黄色、橙色和蓝色，令人不禁想到中国清代官员的官服。这种绚丽的体色实际上是为了警告其他鱼类离自己远一点，因为它们浑身覆盖着可能会令别的鱼中毒并引发呕吐的黏液。它们的幼鱼白天很难觅到，因为它们会藏身在礁岩缝隙中，并在其间捕食小型甲壳动物。它们通常在黄昏时分出来活动，求爱期间雄鱼和雌鱼也是选择这个时段跳起非常复杂的求偶舞。

体长：7 厘米　**活动深度：**1 ~ 18 米

太平洋

美国宇航员杰罗姆·阿普特曾参加过四次太空飞行。关于太平洋之浩瀚宽广，他曾经这样写过：“我们在轨道上绕行地球一圈需要 90 分钟，而从太平洋的一端到另一端就需要 35 分钟。”

太平洋最大的特点便是辽阔，在世界地图上几乎占满了南北半球的空间。试想在地中海上，距离陆地最远不会超过 400 千米，航行于此时已经会感觉到迷失了。而在太平洋上航行，可能连续数日都看不到陆地，不难想象这种感觉有多沮丧和绝望了。

为太平洋命名的是葡萄牙航海家麦哲伦，他也是第一个横渡这片大洋的欧洲人。1520 年 11 月 28 日，他率领的船队驶入太平洋，这天海上风平浪静，于是麦哲伦将它命名为“太平洋”。实际上，太平洋有时会下起猛烈的暴风雨，能激起 20 米高的海浪，也会出现灾难般的海啸和台风。这片浩瀚海域的主宰无疑是水，但大洋周围有一条炽热的边界，也就是著名的由许多相当活跃不断喷发的火山排列而成的环太平洋火山带。这条火山带从南美洲开始延伸到新西兰，其间经过阿拉斯加、日本和菲律宾。10 次地球上最强烈的地震都发生在这条火山带上。

亚洲和美洲几乎在白令海峡处相连，这两个大陆环抱着的太平洋称得上是“岛屿之洋”，总计有超过 2.5 万个大大小小的岛屿。这一数字肯定低于实际的岛屿数量，因为统计大岛很容易，例如形成澳洲大陆的这种大岛，但有些迷你岛屿会在几年时间中生成或消失，所以几乎不可能加以计算。

今天，除了计算这些天然岛屿外，我们还不得不加上一个位于美国加州和夏威夷群岛之间的塑料垃圾岛。1997 年，这座无名垃圾岛被人们发现，洋流把人们倾倒入海洋的垃圾汇聚到这里。这座岛的面积已经相当于三个法国那么大了，并在不断增长中，对于这片汪洋里的所有生物乃至人类健康来说都是巨大威胁，这个现象让大众越来越担忧。由此可见，即使是全球最大洋这种面积如此庞大的地方，环境也会受到人类影响而改变。

太平洋的海洋动物

6
8
7
2
5
3
10
4
1
23
14
15
25

太平洋的海洋动物

1. 沙虎鲨（*Carcharias taurus*）

沙虎鲨体形庞大，头呈圆锥形，有着开口很大、通常半张着的嘴，露出又长又尖的利齿。在摄影图片中，这样的利齿看起来霸气十足，极具威胁性。它们喜欢露出牙齿和游弋在沙质海床上的习性，便是其名字的由来。它们的体色为棕灰色，带浅红色或棕色的斑点，腹部为白色。这种水族馆的常客，可以通过将空气吞入胃中，调节水中浮力，并得以在水中央静止不动。它们的繁殖方式十分特别，雌鱼会同时孕育好几个胚胎，但只有最强壮的一个胚胎得以发育成形并出生长大。

体长： 3.3 米　**活动深度：** 1 ~ 190 米

2. 铅灰真鲨（*Carcharhinus plumbeus*）

铅灰真鲨身体粗壮庞大，吻部宽圆，胸鳍大且呈镰刀形，宽大高耸的背鳍位于胸鳍中线的上方。这种鲨类喜欢在海床附近活动，特别是沙质或淤泥海床，会勤快地翻泥沙以寻找生活在海底的鱼类和其他动物。它们习性中最特别之处在于雄鱼和雌鱼会在完全不同的区域活动，这也许是因为雌性需要寻找没有捕食者的区域，以便平静地生下幼鱼。地中海内也有铅灰真鲨。

体长： 2.5 米　**活动深度：** 1 ~ 500 米

3. 白边真鲨（*Carcharhinus albimarginatus*）

白边真鲨这种庞大且强壮的鲨鱼游弋在深海中、有洋流经过的凹地以及连接潟湖和开放海域的沟漕内。它们领域性强，倾向于控制较小或同等大小的其他鲨鱼，对潜水客具有威胁性。它们的身体颜色为灰蓝色，腹部颜色较浅，但主要特征是鳍的末端和后缘均为白色。它们下颌的牙齿尖利，而上颌的牙齿为三角形且呈锯齿状，适合撕咬猎物，特别是鱼类。白天它们会聚集结成群，而到了夜晚则会和同伴分开，独自猎食。

体长： 3 米　**活动深度：** 1 ~ 800 米

4. 红牙鳞鲀（*Odonus niger*）

总是半张着嘴，露出利齿，尾鳍上半叶很长，背鳍很靠后端。

和其他鳞鲀一样，红牙鳞鲀的身体呈椭圆形，背鳍和臀鳍宽大且形状对称，以便前进和倒退。它们的尾鳍十分扁平，有着长且呈线状的裂片、蓝紫色的身体、浅色边缘的鳍和不同寻常的红色牙齿。这是一种群居生物，数十条为一群巡游在有强劲洋流经过的礁石区外斜坡海床附近，以浮游生物为食。一旦受到威胁，它们会就近躲到珊瑚礁缝隙中，只露出尾鳍尖端。繁殖时它们成对活动，雄鱼雌鱼会共同保卫巢穴。

体长：50 厘米　**活动深度：**5 ~ 40 米

蓝紫色的身体，红色的牙齿，尾鳍细长开叉。

5. 豹形海豹（*Hydrurga leptonyx*）

豹形海豹无论体形还是习性都与其他南极海豹颇为不同，其他海豹身材胖乎乎，通常待在冰上，而豹形海豹却是水中的捕食者，流线型的体形完美符合水动力原理，脖子粗短、长长的鼻子突出，长着一张大嘴，口中牙齿又尖又多，足以轻松将猎物撕成碎片。它们的身体是黑色或银色光泽的深灰色，腹部斑点较深，因为身体布满斑点，所以被称为“‘豹形’海豹”。豹形海豹和虎鲸都是南极的顶级掠食者，在诸多猎物中它们格外偏好企鹅，会趁企鹅下水的瞬间发动攻击，有时还会毫不犹豫地袭击其他较小的海豹。

体长：3.5 米　**活动深度：**0 ~ 304 米

脖子粗短、头大，吻部长，身体布满斑点。

头部呈深黑色，脖子和耳朵后方有橙黄色羽毛，喙上有一条色线。

6. 帝企鹅（*Aptenodytes forsteri*）

因电影《帝企鹅日记》而闻名的帝企鹅是世界上最大的企鹅，也是唯一不惧怕零下几十摄氏度低温、能在极寒冬季中繁衍的企鹅。它们的身体被稠密的羽毛覆盖，可以隔离冰雪和保护它们免于冻僵。它们的背部是深黑色，腹部为乳白色，脖子底下一片橙黄色，向下逐渐变淡，耳朵后部黄色最深。它们在没有结冰的海水中觅食，可以潜入深达500米的海水中捕食鱼类和乌贼。在繁殖期间，企鹅夫妻会轮流孵蛋和到海中觅食。两个月后小企鹅孵化出来，等到冬季结束时就能四处活动了。

体长：1.22 米　**活动深度：**0 ~ 535 米

7. 蓝鳍鲹（*Caranx melampygus*）

蓝鳍鲹体格强健结实，流线型的体形是海洋掠食者的典型特征，游动速度快且极具攻击性，也是太平洋珊瑚礁区最常见的鲹科鱼类之一。通常能够看到它们在距离垂直岩壁一段距离处游弋，会突袭礁岩一带的鱼，出其不意地捕捉猎物。它们青铜色的体色有助于袭击前的伪装潜伏。除了淡黄色的胸鳍外，其他鳍全是蓝色的。它们成小群活动，在黎明与黄昏时更为活跃，有时候会和跟在身后的泽生海鳝协同行动，趁别的鱼不注意时发起进攻。

体长：1.17 米　活动深度：1 ~ 190 米

8. 蓝鲸（*Balaenoptera musculus*）

蓝鲸是世界上最大的哺乳动物，体长达 30 多米，体重达 190 吨。雌鲸体积比雄鲸大，多亏了母亲极富营养的奶水，幼鲸在出生后第一年就能长大 30 倍。凭借着强有力的肌肉、流线型的体形和长达 6 米的巨大尾巴，蓝鲸的游速可达每小时 50 千米。进食时的蓝鲸口中可以容纳 50 立方米的水和数千只虾，并利用自己的体重和侧身旋转的力道来合上嘴巴，使海水从须缝里排出，同时滤下小虾小鱼，吞而食之。

体长：33.58 米　**活动深度：**1 ~ 230 米

9. 湾鳄（*Crocodylus porosus*）

湾鳄是侏罗纪时代巨型鳄鱼的后代，是世界上现存最大的爬行动物，它们需要防范的对手只有大鲨鱼、逆戟鲸或抹香鲸。它们浑身覆盖着坚硬的鳞片，三角形的大头上是一张巨大的嘴，嘴里全是尖利的牙齿。它们看起来相对较小的脚也是非常有力的武器，游速可达每小时 17 千米。它们是出色的狩猎机器，身体上遍布感觉细胞，起到声纳、深度计和化学实验室的综合作用。它们喜欢栖息在沼泽地和河口地带，也会游到外海。

体长：6 米　**活动深度：**0 ~ 200 米

10. 大王乌贼（*Architeuthis dux*）

生活在深海200～1000米的大王乌贼是最神秘的海洋生物之一，它们的神秘面纱在2004年被揭开，有人在水深900米的海洋中首次拍摄到它们在自然界活动的影像。大王乌贼可以长到25米长、2吨重，虽然专家仍对部分数据存疑，但它们已经是现存最大的无脊椎动物了。它们的眼睛直径超过30厘米，吸盘上有一圈坚硬而锋利的宽5厘米的环，其构成物质同昆虫甲壳相同。

体长：17.37米　活动深度：200～1000米

11. 斑纹须鲨（*Orectolobus Maculatus*）

斑纹须鲨身体扁平，宽阔的头部上有许多类似地毯边缘流苏的丝状凸起。身体上不规则分布的斑点能帮助它们在海床上伪装起来，在长时间静止不动后，对猎物发起突然袭击。它们强壮的颚上有多排尖锐的牙齿，使猎物没有逃脱的机会。它们捕食的对象包括底栖型鱼类、龙虾、螃蟹和章鱼。它们的丝状凸起上有触觉细胞，可以帮助其感知猎物的距离和方向。虽然它们看起来温和无害，但若感到威胁或不安时，也会袭击人类。

体长：3.2米　活动深度：1～248米

12. 花斑狗母鱼（*Synodus rubromarmoratus*）

花斑狗母鱼是典型的底栖鱼，有着末端尖细的圆筒形身材，大头，宽阔的嘴有点斜，还总是半张着，露出满嘴又尖又细的牙齿。它们凸出的眼睛很适合在海床附近生活，因为它们栖息在海床和石珊瑚之间，有时候还会半埋在泥沙中，趁鱼虾经过时突然弹起来发起进攻。它们的身体颜色浅，有很多棕色和红色的斑点，排列成4～5条垂直的条纹，身体两侧还各有一条颜色多变的水平色带。它们一般独自或成对活动。

体长：40厘米　活动深度：3～121米

13. 老鼠斑（*Cromileptes altivelis*）

老鼠斑的特征是全身布满的黑色小圆斑，鳍很宽大，吻部会随着年龄增长越来越尖。它们主要生活在珊瑚礁潟湖和礁区外沿区域，栖息在布满碎石和泥沙的海床上，这并非是石斑鱼的典型栖息场所，幼鱼也会生活在海草原中。老鼠斑和许多相似物种一样，出生时为雌性，八岁左右逐渐变成雄性。它们通常以小鱼和贝类为食，自己则是许多大鱼的美食。它们的幼鱼游泳姿态像是在蠕动，看起来犹如难吃的海蛞蝓或扁平的蠕虫，从而逃脱被捕食的危险。

体长：70 厘米　**活动深度：**2 ~ 40 米

14. 龙胆石斑鱼（*Epinephelus Lanceolatus*）

龙胆石斑鱼体重最高能达 400 千克，算是创造纪录的物种。它们强壮的身体上有个巨大的头部，宽阔的嘴里有好几排牙齿。它们的背鳍有棘刺，由前到后越来越粗，体色会随年龄增加而变深，幼鱼是黄底黑条纹，成年后黑条纹慢慢消失，最后通体变成均匀的褐色，鳍则近乎黑色。它们喜欢独居，颇具领域性，捕食龙虾、大型甲壳动物和鱼类，包括黄貂鱼甚至鲨鱼。它们是世界上最大的石斑鱼，只有加勒比海的伊氏石斑鱼能与之比肩，被国际自然保护联盟（IUCN）列为易危物种。

体长：2.7 米　**活动深度：**1 ~ 200 米

15. 灰三齿鲨（*Triaenodon obesus*）

灰三齿鲨体态优美，吻部短，眼睛呈椭圆形，第一片背鳍大致位于身体一半长度处，背鳍末端和尾鳍上半叶都是白色。它们日间几乎总是贴着海床休息，有时候会成群待在岩洞内，静止不动也能呼吸的本领使它们不必像其他鲨鱼那样总是游来游去。它们一到夜间便会十分活跃，会成群地活动，逐一搜寻海床上的鱼类、甲壳动物和章鱼，还会把猎物强行拉出巢穴。它们在红海到太平洋中部的热带海洋很常见，是潜水员最熟悉的鲨鱼之一，即使近距离接近它们也不会排斥。

体长：2.13 米　**活动深度**：1 ~ 330 米

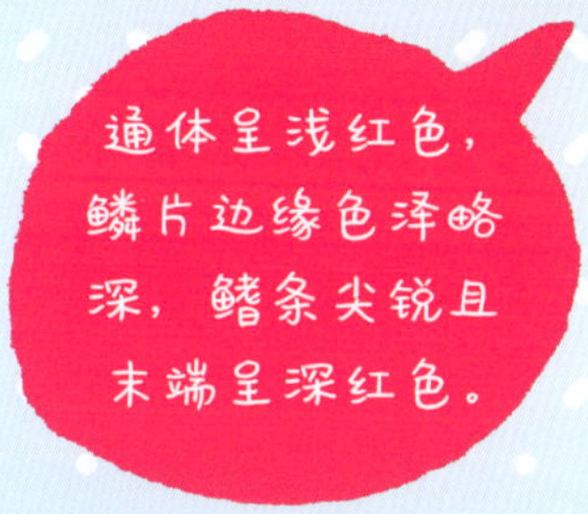

16. 菲律宾频灯鲷（*Photoblepharon palpebratus*）

菲律宾频灯鲷这种深色小鱼体色接近黑色或紫褐色，体形肥短，全身覆盖着小鳞片，吻部又短又圆，嘴巴开口朝上。它们最特别之处在于眼睛下方有一个很大的发光器官，能发出蓝绿色的光芒。这个器官含有几百万个能进行特别化学发光反应的细菌，还有一层像窗帘一样降下升起的黑色外膜。它们白天聚集成小群在洞穴中休息，夜间离巢捕猎，用发光器官吸引浮游生物靠近或与同类沟通。这种发光器官还起到让捕猎者分心的作用，突然发亮还会吓到对方。

体长：12 厘米　**活动深度**：1 ~ 50 米

17. 赤锯鳞鱼（*Myripristis murdjan*）

赤锯鳞鱼是一种椭圆形、身体侧扁的鱼，垂直高度中等，特征是拱形的短吻部，眼睛颇大，张大的嘴巴微微向上斜裂。它们的背鳍和臀鳍位置偏后且相互对称，尾鳍分裂成两大叶，体色浅红，鳍条末端颜色略深，鳍颜色也为浅红色，但边缘镶着白边，鳃盖骨后方有一道浅黑色斑纹。同许多体色相近的鱼一样，赤锯鳞鱼为夜行性鱼类，日出后不久便躲进礁岩缝隙或阴影处。它们以甲壳动物和蠕虫为食，连海毛虫这样的有毒刺生物也吃。

体长：60 厘米　**活动深度**：1 ~ 50 米

18. 角箱鲀（*Lactoria cornuta*）

角箱鲀几何形状的身体被硬骨板包裹着，底部较宽，外观犹如箱子，末端是拉长的尾柄，连着会随着年龄增长而长大的三角形尾鳍。它们的小嘴里长着四颗大牙板，额头上长出一对牛角状长棘，浑身是鲜艳的黄绿色，上面散布着蓝色和棕色的圆斑。它们时常出没在避风港的泥沙海床上，其肉质带毒，皮肤可以分泌出剧毒的毒素，对附近的鱼类造成致命影响。

体长：46 厘米　**活动深度**：1 ~ 100 米

19. 中国管口鱼（*Aulostomus chinensis*）

中国管口鱼的身体十分细长，像一根杆，吻部延长呈管状，下巴下方有一根触须，嘴可以伸缩，方便突然向前弹出捕获猎物。它们的第一片背鳍由一排分离的棘刺构成，第二片背鳍靠近尾柄。它们的体色随环境略有变化，从黄色至灰色或绿色都有，均匀的单色或多色相间。猎食时，它们会潜伏在珊瑚或柳珊瑚间，或是躲在大鱼身后，趁小鱼小虾不注意时用吻部吸食猎物。

体长：80 厘米　**活动深度：**3 ~ 122 米

20. 条纹虾鱼（*Aeoliscus strigatus*）

条纹虾鱼身体坚硬且侧扁，仿佛一刃刀片，背侧像被削平了一样笔直，腹部略隆起，头部纤细，吻部拉长。根据环境的变化，它们的体色也会相应变化，栖息在海草中的颜色为绿色，泥沙海床上的颜色变为灰色或黑色，在珊瑚丛中的则是微红色。条纹虾鱼几乎永远保持竖直倒立姿势，喜欢在珊瑚和海藻间游动时，也会钻进刺冠海胆之间，让这种海胆的长棘为它们提供绝佳的避难所。它们过着群居生活，会全体同步移动，看起来好像在水中滑行。它们很擅长捕食浮游生物、幼鱼和小的甲壳动物。

体长：15 厘米　**活动深度：**2 ~ 42 米

21. 彩带刺尾鱼（*Acanthurus lineatus*）

生活在太平洋的彩带刺尾鱼身体侧面轮廓高而扁平，体形椭圆形，嘴巴不大，但嘴唇很厚，牙齿弯曲且呈锯齿状。它们的体色是橙黄色，带有镶黑边的蓝色横条纹，腹鳍也是橙黄色，但前缘为蓝色，尾鳍是新月状的。它们的尾部两侧有特殊的凹陷，里面有一根能竖起来的尖刺，上面沾有有毒的黏液。它们是带攻击性的鱼类，喜欢群居生活在有海浪和长满珊瑚与海藻的浅海礁区，会不断巡视自己的地盘，守护它们赖以生存的海藻生长区域。

体长：38 厘米　**活动深度：**1 ~ 15 米

22. 裂唇鱼（*Labroides dimidiatus*）

裂唇鱼是热带珊瑚礁海域最出名的鱼类之一，特征是体色从头到尾由白色变为浅蓝色，一条黑色条纹从吻部延伸到尾鳍。裂唇鱼有着独特的锯齿形游泳方式，以清洁其他鱼类身上的寄生虫或口腔与鳃里的食物残渣为生，也被称为“医生鱼”。群居的医生鱼可谓是海洋中的“清洁服务站”，通常由一对成鱼带着数条幼鱼，或是由一条雄鱼带着几条雌鱼生活。裂唇鱼对珊瑚礁区的鱼类来说非常重要，如果它们消失，其他鱼类也会随之离开。

体长：14 厘米　**活动深度：**1 ~ 40 米

23. 密斑刺鲀（*Diodon hystrix*）

密斑刺鲀的身体通常犹如拉长的气球或是带尾巴的橄榄球，背鳍和臀鳍距离尾柄很近，这些鳍加上胸鳍的动作，使它们可以比别的鱼更轻松有力地在狭窄的空间中游动，甚至可以倒退着游动。在遇到危险和攻击时，密斑刺鲀能像四齿鲀科的鱼那样，快速吞入大量海水使自己胀成一个带刺的球，使捕食者难以吞食。它们通常在夜间捕食海胆、容易咬碎的贝类和甲壳动物，借助它们坚硬的喙状齿，可以轻松咬碎猎物的壳。

体长： 91 厘米　**活动深度：** 2 ~ 50 米

24. 星斑叉鼻鲀（*Arothron stellatus*）

星斑叉鼻鲀的特征是庞大的近似椭圆形的身体，覆盖全身的小刺喙随身体鼓胀而竖起。它们嘴唇肥厚，牙齿融合成犹如鸟喙的四片牙板。幼鱼体色为浅红色，背部有斑点，腹部有黑色条纹。成鱼体色变得更浅，全身除腹部外布满深色斑点，这些斑点随年龄增长会变得更多更小。它们栖息在潟湖和礁石区外侧的泥沙和石珊瑚相间的海床，在这里建立自己的领域，并凶悍地阻止其他鲀类靠近。

体长： 1.2 米　**活动深度：** 3 ~ 58 米

25. 草海龙（*Phyllopteryx taeniolatus*）

草海龙这种长相奇异的鱼类是海马的亲戚，身体似乎由三部分黏合在一起——脖子、头和管状的长吻部构成前半身，再加上长长的尾巴和一个高高的身体。它们沿身体周边延伸出数量和大小不一的叶瓣状附肢，加上它们的体色，使它们在海草丛中游动时伪装得与环境融为一体，有时候也会随洋流漂流，看起来就像是一簇海藻。一旦遇到小虾小鱼，它们吸管状的嘴会将猎物快速吸入口中并咬碎。

体长： 46 厘米　**活动深度：** 1 ~ 50 米

26. 棘颊雀鲷（*Premnas biaculeatus*）

棘颊雀鲷这种小丑鱼的体形不大，与其他雀鲷科小丑鱼不同之处在于眼睛下方有刺，而且鳞片比较小。它们的体色会根据年龄和性别发生变化，幼鱼和成年雄鱼是鲜艳的红色，雌鱼是深棕色或黑色。它们的身上有三条垂直的白色条纹，分布于头部、身体中段和尾柄。它们喜欢没有风浪的沿岸海域，例如潟湖和洋流微弱的环礁外斜坡。它们过着群居的家庭生活，特别偏好与触手末端膨大的海葵伴生。夫妻一旦结成伴侣就会一起生活许多年，雌鱼产下的卵由雄鱼照料，直到孵化为止。

体长：17 厘米　**活动深度**：1 ~ 16 米

身上有三条垂直的白色条纹，眼睛下方有刺。

加拉帕戈斯群岛海域

想象一下，你是一名科学家，率先抵达几个人迹罕至的荒岛上。再想象一下，你和科学家们一样怀有相同的旺盛好奇心，发现这是货真价实的陆上天堂，到处是未知的奇花异草和飞禽走兽。这是多么美好的场景啊！

其实不必想象，世界上真的有这样的岛屿群，名字叫“加拉帕戈斯群岛”。历史上真的有一位伟大的科学家登上过这座岛屿，他就是查尔斯·达尔文（Charles Darwin）。十九世纪初，他抵达这里探索，并收集到了宝贵的资料，最后形成进化论理论，也改变了世人对大自然的看法。十六世纪中叶，这批群岛出现在地图集和海洋地图上，岛屿名字来自西班牙语，意为“巨大陆龟”。由于群岛无论距离何处都很遥远，因此水手（海盗）经停这些岛屿只是因为这里的淡水和陆龟。

群岛内有 13 座大岛屿、6 个小岛和众多分散的迷你岛屿，散布在范围广达 400 千米的海域，最近的陆地是 1000 千米以外的厄瓜多尔沿岸。加拉帕戈斯群岛的起源与活跃的海底火山有关，正是因为太平洋一带的火山猛烈爆发，导致许多海底火山隆起露出水面，形成岛屿。现在岛上的火山仍然会喷发，涌出壮观的岩浆，重现岛屿诞生时的情景。这些岛屿逐渐被丛林覆盖，动植物都在此演化出全世界独一无二的特征，我们确实在加拉帕戈斯群岛上发现一些只有在某些地方才有的物种，例如达尔文雀——这种鸟类在不同栖息地演化出不同形态，加拉帕戈斯群岛上的每座岛屿上都有其专属独特的达尔文雀族群。岛屿上还栖息着类似微型恐龙的爬行动物，例如海鬣蜥，它们演化出吃海藻的习性，能下潜到水下 15 米的地方觅食。著名的象龟寿命长达 150 年。

这个自然天堂的水中世界更是生机盎然，现在已是联合国教科文组织认定的海洋保护区。七条洋流在此交汇，仿佛海中的十字路口，不同水温的冷热洋流交织，企鹅、海狮和锤头鲨同游，直翅真鲨与鲸鲨在热带珊瑚和石珊瑚上游弋。这些珊瑚礁区域也是鹦鹉鱼、盖刺鱼、蝴蝶鱼和刺尾鲷的家园——这些鱼类最远可以分布到澳大利亚和菲律宾海域。

加拉帕戈斯群岛海域的海洋动物

1. 东方齿鲱（*Sarda orientalis*）

东方齿鲱的身体呈纺锤形，像是一把水动力学的梭子。人们可以轻易地从其非常小的胸鳍、长着细小尖利圆锥形牙齿的嘴，以及金属光泽的蓝色身体认出它们来。它们身体两侧的颜色从蓝色转为银色，还有 7 ~ 10 条略呈波浪状的黑色横条纹从背部延伸到尾柄处。它们生活在浅滩，过着群居生活。同其他金枪鱼一样，它们会沿着漫长的海岸线洄游，但我们还不太清楚它们的路线，路线有可能是根据季节变化来调节的。它们在地中海里的亲戚有齿鲱（Sarda sarda），智利齿鲱则分布在智利和秘鲁之间的太平洋海域。

体长：1.02 米　活动深度：1 ~ 167 米

2. 加拉帕戈斯鲨鱼（*Carcharhinus galapagensis*）

尽管加拉帕戈斯鲨鱼是以明确的地域命名，但实际上其分布范围要广阔得多。它们偏爱岛屿，特别是有最强劲洋流的地方。它们有流线型的纺锤状身体，第一片背鳍发达且高耸垂直，宽阔的胸鳍末端尖利，体色均匀，背部为棕灰色，腹部为白色。它们以海底鱼类、鱿鱼和章鱼为食，在加拉帕戈斯海域也会袭击海狮和海鬣蜥。

体长：3.7 米　活动深度：1 ~ 286 米

3. 舟鰤（*Naucrates ductor*）

舟鰤又名“领航鱼”，广泛分布于所有海域，菱形的身体和银蓝色的表皮很容易识别。它们的特征是身上有 6 ~ 7 条垂直的黑带。虽然被叫作领航鱼，但它们根本不会为共生的鱼引路，也没有古代航海家所相信的为船只领航的能力。舟鰤经常会在鲨鱼、鳐鱼和海龟这样的大型物种旁出现，捡拾它们吃剩的食物，享受大块头的保护。这种习性让舟鰤也会靠近和跟随小船。舟鰤的幼鱼倾向于和其他物种共生（例如水母），利用这些动物的有毒触手保护自己。

体长：70 厘米　活动深度：1 ~ 300 米

4. 棘鰆（*Acanthocybium solandri*）

棘鰆身体十分细长，吻部突出且尖利，口腔内有数十颗非常锐利的牙齿。它们的第一片背鳍虽低，但沿着背部长得很长，当它们快速游动时，背鳍会收折到背缝中，短时游速可达每小时 80 千米。它们的尾鳍像金枪鱼一样是新月形，尾柄上的三个骨质突起加强了摆尾的力度。它们的身体呈蓝绿色，背部带虹彩，身体两侧和腹部转为银色并有很多垂直的蓝色条纹。它们喜欢独行，是凶猛的捕食者，能够轻松地捕获鱿鱼、鲭鱼和小金枪鱼，甚至连捉摸不定的飞鱼也能成为它们的腹中餐。

体长：2.5 米　活动深度：1 ~ 20 米

5. 鲯鳅（*Coryphaena hippurus*）

鲯鳅又名“鬼头刀”，是这片海洋最美丽、色彩最缤纷的鱼类之一。它们体色鲜艳，背部是金属光泽的蓝绿色，两侧布满黑点，腹部则是白色的。它们的身体修长且扁平，长长的分叉尾鳍显示出其高超的游泳技能，游速可达每小时 60 千米，还能高高地跃出水面。它们的头部随着成长逐渐变形，雄鱼的头变得比较方正，而雌鱼的头则偏圆。它们一般成群结队地生活着，幼鱼喜欢聚集在漂浮物或藻类阴影下。

体长：2.1 米　活动深度：1 ~ 85 米

6. 路氏双髻鲨（*Sphyrna lewini*）

路氏双髻鲨有着典型的锤形头，扁平且宽大，像扎着两个发髻，眼睛位于“发髻”突起处。它们与其他双髻鲨不同之处在于头部呈波浪形，且中间凹陷，三角形状的背鳍十分宽大。它们被视为分布最广、最常见的锤头鲨，人们时常能看到一大群地出没，领头鲨似乎是由体积较大的雌鱼担任的。它们以鱼类和鱿鱼为食，在加拉帕戈斯群岛中较遥远的岛屿附近更容易观测到它们，例如沃尔夫岛和达尔文岛。这种鲨鱼虽然可能攻击人类，但习性却是尽量远离潜水员，因此我们很难靠近拍照或录像。

体长：4.3 米　活动深度：1 ~ 1000 米

7. 黄鳍金枪鱼（*Thunnus albacares*）

黄鳍金枪鱼在所有热带和亚热带海域广泛分布，但却不在地中海出没。它们有着典型的金枪鱼体形——流线型的椭圆形身体，使其能够快速游动，并能轻松地捕获鲭鱼、沙丁鱼、鳀鱼和鲱鱼，有时还包括更小的金枪鱼。它们的第二片背鳍和臀鳍皆为鲜黄色，并有着长镰刀般的形状，极易与其他金枪鱼区分开来。它们的身体两侧也带有一抹黄色，背部是金属光泽的蓝黑色，腹部和体侧呈银白色。这种洄游性的鱼类可以长到 200 千克重，对全世界的渔业和罐装食品来说都是重要的鱼类，也是金枪鱼罐头中最常用的鱼种。它们喜欢结成大群生活，并会和海豚群混居在一起，因为它们捕食的食物都相同。

体长：2.39 米　**活动深度：**1 ~ 250 米

8. 红唇蝙蝠鱼（*Ogcocephalus darwini*）

将一些形态古怪的鱼类称为“怪鱼类”显然不太科学，但毫无疑问，红唇蝙蝠鱼担得上“怪鱼”这个称谓。它们的学名中包含的“达尔文”会令人立刻将之与加拉帕戈斯群岛联系起来，因为正是这位伟大的英国科学家在探索世界旅行中到访此地后，根据在此地的研究建立了《进化论》的基本思想。这种蝙蝠鱼身体平坦且宽阔，腹鳍和胸鳍演化为腿部，借此在海床上跳跃移动。在必要时，它们仍能摆动尾鳍游泳。它们的特征是三角形的头部上凸起的锥角，以及鲜红的嘴唇。它们通常生活在沙质海床上，会用鳍一动不动地站立着，犹如停在跑道上的“隐形战斗机”，也会像鮟鱇鱼和躄鱼一样，晃动诱饵来勾引猎物上门。

体长：20 厘米　活动深度：3 ~ 76 米

鲜红的嘴唇，
腹鳍和胸鳍形
似脚掌。

8

9. 蓝首锦鱼（*Thalassoma lucasanum*）

蓝首锦鱼又名“彩虹龙”，是一种体形细长的小鱼，头部大且圆润，胸鳍总是动个不停，背鳍很长，尾鳍扇叶较尖。它们的名字源于身体两侧黄色和紫色的条纹，与偏深色的背部形成对比。有一些在族群里处于次要位置的雄性蓝首锦鱼长相会有所不同，它们有蓝色的头部和紫红色的身体，头部后面有马鞍形的黄色斑点。这种鱼以小群形式居住在礁岩或珊瑚礁附近，以浮游生物和小型无脊椎动物为食。幼鱼有清洁鱼的习性，会为其他鱼类吃掉身上的寄生虫。到了夜间，蓝首锦鱼会躲进岩缝或埋在沙子里。

体长：15 厘米　活动深度：1 ~ 64 米

尖尖的吻部，
全身都是小黑
点与不规则的
蓝色短条纹。

10. 拟态革鲀（*Aluterus scriptus*）

拟态革鲀是鳞鲀类的近亲，全身的小黑点和蓝色短条纹像是奇妙的涂鸦着色，尤以吻部和腹部为甚，在橄榄色或浅灰色底色衬托下格外醒目。有意思的是，随着黑暗来临，它们会换上另一身深浅不一的暗色斑点，可能是为了更好地隐藏起来。长长的吻部和尾巴使它们看上去特别瘦长。它们通常生活在潟湖和环礁外侧的斜坡海床上，幼鱼有时也会出现在开放海域的海藻堆里，甚至会在里面待很长一段时间，直到长到令其免受大多数食肉动物伤害的尺寸后才会离开。它们的食物种类繁多，包括藻类、海洋植物、珊瑚和珊瑚虫、海葵和海鞘等。

体长：1.1 米　活动深度：3 ~ 120 米

11. 蓝尾箱鲀（*Ostracion cyanurus*）

蓝尾箱鲀犹如一个宽度大于高度的箱子，身体被坚硬的骨板所包裹，外面被几乎没有缝隙的硬鳞所披覆。它们的背鳍和臀鳍相对称，拉长的尾柄主要起到舵的作用，胸鳍是游泳的主要推进器官。雌鱼体色是鲜亮的黄褐色，并布满黑斑，雄鱼则是蓝底黑斑，后背偏黄。它们生活在沿海珊瑚礁和沙质海床交错的区域，主要以海鞘、海绵、蠕虫、软体动物和其他无脊椎动物为食。当受到攻击时，它们能释放毒素以避险。

体长：15 厘米　活动深度：2 ~ 25 米

东太平洋

从极北的北极一路向南抵达惊涛骇浪的合恩角——太平洋与大西洋交汇之处，是我们探索美洲西部海岸的路径。想象将北极熊和象鼻海象的世界串联起来，你会惊叹于这条线上的自然环境是多么千变万化，无数动物栖息于此，更有无数巨大的、矮小的和迷你的植物在此生长。

在这条漫长巨大的海岸线上，一切都由来自北方和南方的洋流主导。流经东太平洋的主要是寒流，例如北美洲的加利福尼亚洋流和南美洲的洪堡洋流。位于最北端的陆地是毗邻白令海的天寒地冻的阿拉斯加，也是北极熊和海象的家园。加拿大的几条河流在此流入大海，也是钩吻鲑生命旅程的终点，它们洄游到这些河流中产卵，然后死去。灰鲸在白令海出没，加拿大海岸上的温哥华是一座大岛，这里也是巨型章鱼的故乡。若想要观赏虎鲸群和座头鲸群，白令海无疑是个好去处。

接下来我们跳一大步，来到美国加利福尼亚州，加利福尼亚洋流便取其地名。尽管海滩阳光明媚风景优美，加州海水温度却很低，因此孕育了一片独有的栖息地——海藻森林。这些巨型褐藻能够长到 30 ~ 40 米长，生长速度约为每天 30 ~ 40 厘米，在其间潜水和游泳时，仿佛置身于海中森林一般。再往南一些，便来到了炎热荒凉的沙漠地带——下加利福尼亚半岛，灰鲸冬季洄游的终点，也是极为稀有的动物小头鼠海豚的家——这是世界上最小的鲸类动物，现存仅有几十只了。鲸鲨、海狮、象鼻海豹、海龟、燕魟和蝠鲼为这片海域带来热带气息。加利福尼亚洋流的推动力在到达中美洲时耗尽，此处的太平洋沿岸拥有茂密丰富的红树林，这种理想环境促成了石珊瑚的生长，并形成小型珊瑚礁区。

南美洲的地理起始点标志着洪堡寒流的末端支流。这支洋流主要流经智利和秘鲁的海岸，影响着这里所有海洋生物。洪堡寒流携带着异常丰富的营养物质，构建出一条非常丰富的食物链——从小鱼（例如沙丁鱼和凤尾鱼）到海豹，再到鲸类和鲨鱼，最终抵达顶端的人类。每隔三到七年，都会有一股从太平洋中部生成的温暖洋流使洪堡寒流偏离原本的流向，让南美洲频发大雨和洪灾，扰乱海洋食物链，造成数以万计的大小生物死亡，这被称为“厄尔尼诺现象”。当洪堡寒流回归正常后，海洋生物又会再度欣欣向荣。

东太平洋的海洋动物

10
12
9
15
2
11
4
6
13

东太平洋的海洋动物

1. 灰鲸（*Eschrichtius robustus*）

灰鲸是大型洄游鲸类，在加利福尼亚和墨西哥之间的海域繁殖，在阿拉斯加的寒冷海水中觅食，并定期往返此间。它们的特征是灰色的身体和狭窄的锥形头部，以及上面散布着的黄白色斑块。灰鲸没有背鳍，取而代之的是皮肤上一道凹凸不平的峰状突起。这种鲸鱼以跃出水面的炫目姿态而闻名，回落到海中时会激起壮观的水花。它们的习性在鲸鱼中很特别，是唯一一种右侧身体贴着海床游泳的鲸类，并会吸食海底沉积物和里面所含的生物，再用嘴里的鲸须（存在于口腔内，但不是牙齿）过滤食物。

体长：15 米　活动深度：1 ~ 80 米

2. 大青鲨（*Prionace glauca*）

因为大青鲨的身体主要颜色为青蓝色，故被称为“青鲨”，青色和腹部白色形成对比，身体修长而优雅，吻部细长，长胸鳍为镰刀状。它们通常以较大幅度摆动身体来游动，但速度缓慢，追捕猎物时会突然加速，有时候会迁徙数千千米。雄鱼出没的海域和雌鱼完全不同，尤其是在雌鱼生产幼鱼时。雌鱼一次能产下超过 100 枚幼鲨，不过一般生产的平均数量不超过 50 枚。它们的主要食物包括鱼和鱿鱼，也不排斥鸟类或鲸豚类的尸体。

体长：4 米　活动深度：1 ~ 1000 米

3. 狐形长尾鲨（*Alopias vulpinus*）

狐形长尾鲨是一种纺锤形的大型鲨鱼，有着长度无与伦比的尾鳍，尤其是拉长呈带状的上半叶，几乎占据了尾鳍的绝大部分，差不多与身体其他部分一样长。它们锥形的吻部又短又圆，嘴小，内有斜向两侧的三角形钝齿，第一片背鳍高耸呈镰刀状，身上均匀的蓝灰色从体侧中央往下变浅。它们捕食时用强壮的尾鳍击晕或杀死群游性的鱼，以便更轻松地吞它们入口。这种鲨鱼也能全身腾空跃出水面，在地中海也有它们的踪迹。

体长：5.73 米　活动深度：1 ~ 650 米

4. 南海狮（*Otaria flavescens*）

南海狮喜欢聚集在沙滩上，雄海狮的体重是雌海狮的两倍（分别为 300 千克和 150 千克）。这种海洋哺乳动物会形成聚落，有时候数量多达数千只，雄海狮在其中各自占领地盘，带着多只雌海狮过小群体生活。南海狮是出色的游泳高手，猎食鱼类、鱿鱼和章鱼，但在水中活动时它们必须提防天敌鲨鱼和逆戟鲸。它们可以潜入水中超过 5 分钟，最深能潜到 320 米。

体长：2.6 米　活动深度：0 ~ 320 米

5. 大马哈鱼（*Oncorhynchus keta*）

大马哈鱼通体呈银色，背部有黑色小斑点，鳍镶着黑边。它们有洄游习性，在河流中逆流而上时体色会变化，雄鱼两侧条纹为红色，雌鱼则为砖红色或浅灰色。它们在海中度过 3 ~ 5 年，以鱼类为食，身体长大成熟后游回海岸并回溯到河流上游交配繁殖，最远处可达距离河口 3000 千米远的地方。它们在交配后会停止进食，雄鱼的嘴会明显变形，又大又长的牙齿裸露在外。成鱼在产卵后死亡，几个月后，新生的幼鱼会顺流而下，游向大海。

体长：1 米　活动深度：1 ~ 250 米

6. 帝王蟹（*Paralithodes camtschaticus*）

堪察加半岛帝王蟹是世界第二大螃蟹，仅次于甘氏巨螯蟹。在北太平洋的寒冷海域中很常见，有着紫红色的甲壳和细长的蟹脚。它们是强大的捕食者，不会放过任何在海床上的猎物。在 20 世纪 60 年代，因其鲜美的肉质而备受追捧，苏联政府把帝王蟹引入巴伦支海。然而随着时间的流逝，帝王蟹沿着挪威海岸一路向南繁衍，成为入侵物种，对北大西洋的原生生物族群造成威胁。

体长：28 厘米的身长 +1.5 米的蟹脚　活动深度：1 ~ 240 米

7. 鲣（*Katsuwonus pelamis*）

鲣身体修长呈梭形，腹部饱满，除了侧线和头部后方有鳞片，全身光滑无鳞，尾柄上有数个小鳍，能为月牙形尾鳍增加推力，背部苍黑发蓝，体侧和腹部为银色，上面有 4 ~ 6 道深色横纹。鲣会集结成群，始终跟随较小鱼类移动，如沙丁鱼、鲱鱼和凤尾鱼。它们在狩猎时经常跃出水面，引来海鸥和其他海鸟加入它们的狩猎盛宴。

体长：1.1 米　活动深度：1 ~ 260 米

8. 短吻丝鲹（*Alectis ciliaris*）

短吻丝鲹的身体极为侧扁，略呈菱形，在背鳍的位置犹如驼峰般拱起，还有镰刀状的胸鳍和明显开叉呈两叶的尾鳍。幼鱼的背鳍和臀鳍具有纤细的长鳍条，有时长度可达身体的四倍，不过数量随年龄增加而减少。它们的背部为蓝银色或蓝色，侧面和腹部则为银色。成鱼习惯在海岸沿线生活，而幼体和幼鱼偏好远洋海域，会随洋流漂移并紧挨着漂浮物游动。

体长：1.59 米　活动深度：60 ~ 100 米

细长的吻突，帆状的大片背鳍，体侧有垂直的深色细纹。

9. 平鳍旗鱼（*Istiophorus platypterus*）

同剑旗鱼和旗鱼科的鱼一样，平鳍旗鱼的上颚也拉长延展成为又细又长的吻突，宽大的帆状背鳍是身体的两倍高，非常容易辨别。它们钢蓝色的身体侧面为浅色，装饰有蓝色小斑点排列而成的垂直带状条纹，腹部转为银色，钴蓝色的背鳍上布满了小黑点。它们以甲壳、鱿鱼、鳀鱼、沙丁鱼或鲭鱼这些小型鱼类为食。捕猎时，它们用吻突杀死或击晕猎物，以便吃起来更容易。它们的游速很快，最高可达每小时 110 千米。

体长：3.48 米　活动深度：1 ~ 200 米

10. 海獭（*Enhydra lutris*）

海獭的身体较生活在河流或沿岸地区的水獭更为结实，略矮胖，但其敏捷性却丝毫未受影响。它们的头比较大，尾巴相对来说比较短，后肢长而扁平，趾间有蹼，呈鳍状，前肢较短且有尖锐的爪子，能用来抓住猎物，如软体动物、刺猬、甲壳动物、章鱼和鱼类等。它们会仰泳漂浮在海上，并放一块石头在胸前，以压碎猎物的坚硬外壳，再吃掉里面的肉。它们群居生活在大海上，无论是捕食还是休息，都离不开大海，夜间将巨型海藻缠在身上枕浪而睡，以防止被冲走。

体长：1.5 米　活动深度：1 ~ 82 米

11. 纺锤鰤（*Elagatis bipinnulata*）

纺锤鰤的身体呈细长的纺锤形，吻部尖突，小嘴内长满细密的牙齿，背鳍和臀鳍后面各有一些小鳍，一直排列到明显分叉的尾鳍前。它们的背部为蓝橄榄色或绿色，腹部则为白色，除了黄色的尾鳍，其他的鳍都介于黄色和暗绿色之间。纺锤鰤是典型的热带和温带的洄游鱼，也是公海最常见的鱼类之一。它们喜欢出现在海面附近，有时候也会游到潟湖内待一段时间。它们通常以无脊椎动物、小鱼甚至海洋昆虫为食，海洋昆虫虽然少见，但却真实存在着。

体长：1.8 米　**活动深度：**1 ~ 150 米

12. 北象海豹（*Mirounga angustirostris*）

北象海豹是全世界体积仅次于南象海豹的鳍足类动物，体重近 2.5 吨，毛发介于浅灰色到浅棕色之间。雄性因能伸缩的长鼻子而闻名，犹如短象鼻的鼻管能发出吼叫声。它们大部分时间都在海上活动，活动区域介于加利福尼亚、下加利福尼亚和附近岛屿之间，每年会上岸两次，以便繁殖、换毛，以及获取猎物北上至阿拉斯加。虽然体积庞大，它们却是出色的游泳高手，能潜到 1.7 千米的深海中，并能在水里停留近两小时。

体长：4.2 米　**活动深度：**1.7 千米

13. 加州燕魟（*Gymnura marmorata*）

加州燕魟的身体像一个宽大于长的椭圆盘子，游动时两片宽大的胸鳍令人联想到舞动的翅膀，尾巴细短，上有一根或两根锯齿状的毒刺，许多咖啡色小斑点与大块黑斑交错分布在棕色的表皮上。它们喜欢生活在很深的沙质和珊瑚礁海床上，也会进入沿岸的潟湖内。雌鱼的体积是雄鱼的两倍。虽然它们游起泳来姿态灵活，但却花费更多时间待在海床上，在那里捕食软体动物、螃蟹、甲壳动物和鱼类。雌鱼会到特别隐蔽、绝少捕食者的地方生产，一年能生育 4 ~ 16 条小鱼。

体长：1.2 米　**活动深度：**1 ~ 94 米

14. 角鲨（*Heterodontus francisci*）

角鲨是一种小型鲨鱼，头上有骨冠，看起来是牛头的小角。它们口腔内的牙齿很特殊，长有三角形扁平的齿及有纤细锯齿的冠，在前列的齿为直立的，后列则是粗大的臼齿。它们的背鳍前缘有坚韧的棘刺，胸鳍特别宽大，灰棕色的身体上分布着许多黑色小斑点，眼睛下方有深色斑点。它们以海胆、软体动物和甲壳动物为食。它们产的卵很特别，看起来像大螺丝钉的钉尾，雌鱼会将其产在海床的缝隙内。

体长：1.22 米　活动深度：1 ~ 152 米

15. 丝帆鱼（*Nematistius pectoralis*）

丝帆鱼身体呈椭圆形且侧扁，头部宽大，额头轮廓高，下颚突出，十分有特点。它们的第一片背鳍由细长而又各自分离的鳍条构成，看起来犹如鸡冠，胸鳍长并呈镰刀状，尾鳍分叉为两个发达的裂片。它们的背部呈银蓝色，身体两侧是带金黄色阴影的银色，腹部则是偏白色，体侧有斜向的蓝色或黑色条纹。通常来说，它们偏好沿岸海域和不太深的沙质海床，独自生活或聚集成小群，会用快速前弹的方式捕食海面附近活动的小鱼，例如鲱鱼。

体长：1.63 米　活动深度：1 ~ 20 米

16. 高欢雀鲷（*Hypsypops rubicundus*）

高欢雀鲷鲜艳的橘红色身体让人一眼便能认出。它们是加利福尼亚州的州鱼，也是地中海光鳃雀鲷的近亲，身体是侧扁的椭圆形，头部大，成鱼的额头明显拱起，小而长的嘴非常适合捕食无脊椎动物。幼鱼体色同成鱼一样为橘红色，并有虹彩光泽的小蓝点。它们喜欢生活在多礁石区域和海藻森林中，雄鱼具有领域性，在繁殖过程中会发出声音吸引雌鱼到自己地盘上产卵，雄鱼会守护卵直到孵化为止。

体长：30 厘米　活动深度：1 ~ 30 米

17. 斑马裸海鳝（*Gymnomuraena zebra*）

斑马裸海鳝有着斑马状的白色或浅黄色竖条纹，与巧克力色的身体形成对比，是很好辨认的特征。此外，它们还有一双大眼睛和短而圆的吻部，喜欢的栖息地是混合了沙土的礁岩和珊瑚海床，最好是充满了裂缝和洞穴地方。它们白天在此藏身，晚上出去捕食。与其他海鳗不同，斑马裸海鳝有类似臼齿的扁平牙齿，非常适合粉碎螃蟹和其他甲壳动物的壳，以及海胆和软体动物的外壳。它们攻击前会先评估猎物的大小，避开大型螃蟹的螯或一些海胆的刺。

体长：1.5 米　活动深度：3 ~ 50 米

加勒比海

如果把时针拨回 500 万年前，我们会发现水母、鱼类和鲸豚类能在太平洋和大西洋之间自由穿梭，因为当时两个大洋在中美洲的位置是相通的。200 万年后，地震、火山爆发和海底抬升造就了现在的中美洲，也产生了分隔两个大洋的加勒比海。

加勒比海素有“海盗之海”之称，基于一些地理特点，说它是大西洋的热带地中海也不为过。这片海洋长约 2000 千米，宽约 800 千米，被美洲大陆环绕着，从佛罗里达州到巴哈马再到委内瑞拉，往大西洋的外围是一个巨大的岛弧，由大约 7000 个大大小小的岛屿组成，从北端的巴哈马群岛一直延伸到荷属安的列斯群岛，途经许多著名景点，例如古巴、海地、波多黎各、维尔京群岛、马提尼克岛和特立尼达等。

虽然这些岛屿露出水面的部分会让人想起许多典型热带景观——郁郁葱葱的绿色广阔地带和白色的珊瑚沙滩，在水下你却会见到一个不同的世界。产生这样差异的原因在于加勒比海的珊瑚比其他热带海域少得多，种类繁多的海绵和柳珊瑚大量繁殖弥补了这一遗憾，它们形态各异的外观使加勒比海水下景观独一无二。今天，这里生活着近 1000 种鱼类、90 种哺乳动物和数百种甲壳动物和软体动物。这些物种在加勒比海各处分布平均，因为流经此地的多个洋流会把各种生物幼体四处携带，即使在最偏远的区域，也会因为洋流而一直有新物种到来。

从伯利兹堡礁可以看出加勒比海的生物丰富性和适合珊瑚礁发展的有利环境条件，这里是仅次于澳大利亚的全球第二大珊瑚堡礁群。但是，珊瑚堡礁几乎只存在于沿岸和浅海区域，因为加勒比海的海床下降得很快，有些地方的深度超过 7000 米。

这片海洋独有的另一个重要特征是神秘的蓝洞，与周围土耳其蓝和绿松石色的海水形成鲜明对比。它们的起源可以追溯到地质时代，当时加勒比海的部分海床因为海平面下降露出水面，受到自然侵蚀后形成大型洞穴。随着它们再次被海洋覆盖，其穹顶坍塌，形成了敞开的圆形竖井，也就是现在这些深度超过 100 米的蓝洞。

加勒比海的海洋动物

3
14
13
11
6
4
10
9
12
9

加勒比海的海洋动物

1. 加勒比礁鲨（*Carcharhinus perezi*）

加勒比礁鲨是典型的礁区鲨鱼，它们体格强壮，虽然略显短胖，但体形仍然极具流线型。它们的吻部短且圆，弧形宽嘴位于腹侧，背部体色为灰色或棕灰色，两侧是深浅不一的黄铜色，腹部发白，胸鳍和臀鳍的边缘颜色较深。它们是加勒比海珊瑚礁区最常见的鲨鱼，经常游弋在礁岩陡峭的断崖处，静静地待在海床上。因为它们能够用鳃来产生水流换气，所以不需要一直游动。它们主要以鱼类为食，包括魟鱼和小型鲨鱼等。加勒比礁鲨有领域性，它们总是会游回自己的地盘，即便离开很长时间后也一样。

体长：3 米　**活动深度：**1 ~ 378 米

2. 居氏鼬鲨（*Galeocerdo cuvier*）

居氏鼬鲨是最危险的鲨鱼之一，袭击人类的次数仅次于大白鲨。它们体形庞大，头部宽大，宽阔的大嘴里长着特殊形状的锯齿状牙齿，有点类似于鸡冠。它们的背部和体侧有特别的垂直条纹，而且在幼鱼身上更为明显，这也是它们的俗称“虎鲨”的来历。它们可以在多种不同环境中生活，但更偏爱混浊的水域和岛屿周围的浅海区。它们的食谱非常广，什么都吃，被称为“海洋清扫员”，除了鱼类和海龟，还吃鲨鱼、海豚、鸟类和各种食物，而碎煤、易拉罐、塑料瓶和其他垃圾都被它们吞进肚子里过。

体长：7.5 米　**活动深度：**1 ~ 800 米

3. 美洲魟（*Dasyatis americana*）

美洲魟具有宽大的胸鳍、尖尖的吻部和长长的尾巴，尾巴前端具有尖锐的锯齿状毒刺。它们的背部是浅棕色到偏深的灰色，上面有排列不规则的短刺，腹部为白色。它们无论白天夜里都可以猎食，以底栖鱼类、甲壳和软体动物为食。它们敏锐的放电器官和发达的嗅觉，能把猎物从藏身的沉积物中找出来。这种鱼是开曼群岛“魟鱼海岸”的观光重点，它们已经习惯了在潜水者和游泳客身边穿梭，等待人类投食。

体长：2 米　**活动深度：**1 ~ 53 米

4. 绿裸胸鳝（*Gymnothorax funebris*）

绿裸胸鳝是加勒比海最大的海鳝，蛇形管状的身体肌肉发达有力，淡黄色黏液叠加在棕色和灰色的皮肤上形成绿色的身体颜色。它们是独行的夜行物种，日间藏在洞穴中，只把头露出来，晚上则出洞捕食。它们的嗅觉十分灵敏，一旦发现猎物便会穷追不舍，直到在珊瑚丛或藏身的洞穴中将猎物捕获为止。人们经常能在其特别的藏身之处见到它们，清洁虾和清洁鱼围绕着绿裸胸鳝吃掉寄生虫或食物残渣。由于进食一种有毒素的微型海藻，它们的肉通常也有毒。

体长：2.5 米　**活动深度**：1 ~ 50 米

5. 伊氏石斑鱼（*Epinephelus itajara*）

伊氏石斑鱼有着巨大的身体、巨大的头和同样巨大的、长满牙齿的大嘴。它们体格强壮，体色从黄棕色到栏杆绿色不等，全身布满亮色或深色斑点。它们是一种领域性强的鱼类，会坚决保卫自己在洞穴或沉船遗骸中的家。它们主要以龙虾为食，但也捕食海龟、鱼类和小鲨鱼，是小型鲨鱼的天敌。每年六月到十二月之间，它们会在加勒比海特定水域繁殖，繁殖期间会结成数十只的小群。幼鱼会在沿岸海域待到五六岁，等体形大到足以抢夺地盘时才会离开。这种石斑鱼有时也会伤人。

体长：2.5 米　**活动深度**：1 ~ 100 米

6. 拿骚石斑鱼（*Epinephelus striatus*）

拿骚石斑鱼是加勒比海最出名的石斑鱼，最大的特征是头部和身体两侧的标志性黑色纹带，其中第三条和第四条在侧线上方形成一个“W”形，尾柄上有一块马鞍形的深色斑纹。在感觉到威胁或试图吓唬对手时，这种石斑鱼能将体色从白色迅速变成均匀深棕色。它们为了繁殖可以迁徙 200 千米，同时在加勒比海的特定区域，如比米尼、巴哈马、伯利兹、百慕大等，聚集成庞大的鱼群，这也是它们出名的原因。它们主要在黎明或黄昏时捕食鱼类和甲壳动物。

体长：1.22 米　**活动深度**：1 ~ 90 米

7. 单色低纹鮨（*Hypoplectrus unicolor*）

加勒比海里有多种低纹鮨，主要差别在于它们的颜色，其中单色低纹鮨介于灰白色和浅黄色之间，背部颜色比较深，头部和鳃盖骨处有蓝色带虹彩的细纹，吻部在鼻孔处有一块黑斑，尾柄上装饰着一块马鞍形的黑斑。它们最喜欢的栖息地是珊瑚礁，除了与雀鲷和蝴蝶鱼同存，它们会驱赶所有其他鱼类和食用甲壳动物。有意思的是，每条单色低纹鮨都同时具有雄性和雌性生殖器官，在繁殖期可以互相交换受精卵。

体长：13 厘米　**活动深度**：3 ~ 15 米

头顶有深蓝色的额斑，外圈晕出蓝色虹影，黄色的尾鳍。

8. 额斑刺蝶鱼（*Holacanthus ciliaris*）

额斑刺蝶鱼身材高大且侧扁，背鳍和臀鳍向后拉长，扇形尾鳍呈典型的新月状。它们的颜色鲜艳多变，介于蓝色和蓝绿色，鳞片镶着黄边，吻部皆为黄色，眼眶、鳃盖、嘴唇和吻部下方为蓝色，头顶上有一块独特的深蓝色额斑，并晕出蓝色虹影。它们生活在珊瑚礁区内，通常以海绵为食，也吃些石珊瑚和柳珊瑚的珊瑚虫。雄鱼有领域性且独自生活，繁殖期时会利用自我演示来吸引雌鱼，体色也会剧烈变化。

体长：45 厘米　**活动深度：**1 ~ 70 米

9. 线鮨（*Gramma loreto*）

线鮨是加勒比海珊瑚礁区的真正宝石，身体前部较粗壮，颜色为紫色，身体两侧比较扁平，颜色渐变为黄色，一眼就能识别出来，背鳍前侧有一块显眼的黑色斑点。这种肉食性鱼类以浮游生物和小型无脊椎动物为食，也会为其他鱼吃掉它们身上的寄生虫。它们喜欢成群结队地生活在珊瑚礁区和海底悬崖，通常数百只一群，白天通常待在洞穴或岩壁凹陷处，你可以看到它们上下颠倒地游泳，腹部朝着岩洞内部的拱顶游动。

体长：8 厘米　**活动深度：**1 ~ 60 米

10. 四斑蝴蝶鱼（*Chaetodon capistratus*）

四斑蝴蝶鱼是加勒比海最受欢迎的蝴蝶鱼之一，圆盘形的身体侧扁，能够在错综复杂的珊瑚群中穿梭。它们浅灰色的身体上有许多延伸到臀鳍的深色细条纹，鳍略呈黄色，一条黑色的竖纹穿过眼睛并延展到下巴。它们的身体后部还有一块特别的白边黑眼斑，这是珊瑚鱼中常见的防御方式，也因此而得名“四斑蝴蝶鱼”。它们成对生活，白天比较活跃，夜晚则隐藏在珊瑚中。它们能够伸缩的小嘴可以用来捕食藏在珊瑚中猎物，例如小型无脊椎动物。

体长：15 厘米　活动深度：2 ~ 20 米

11. 巴西刺盖鱼（*Pomacanthus paru*）

巴西刺盖鱼有侧扁的圆形身体，额头从侧面看起来在眼睛的位置向下斜并且有点凹陷，背鳍的前几根鳍条向后延伸得很长。成鱼灰蓝色的身体上有镶黄边的鳞片，头部颜色较浅，有黄色眼圈和发白的吻部，胸鳍基部有一抹显眼的黄斑。幼鱼外貌和成鱼很不同，身上有四条清晰的黄色垂直条纹。它们喜欢珊瑚和海草原交织的礁岩海床，每个晚上都会躲进固定的藏身所。成鱼会结成稳定的伴侣，主要食用海绵。

体长：41 厘米　活动深度：3 ~ 100 米

12. 双带锦鱼（*Thalassoma bifasciatum*）

双带锦鱼是加勒比海最具特色的鱼类之一，也是礁区数量最多的鱼类之一。它们与地中海的孔雀锦鱼十分相似，颜色随着年龄和性别的变化而变化，幼鱼是白色、黄白相间或全黄（不过这两种幼鱼的体侧有一条黑色横条）。雄性成鱼非常容易辨别，因为它们蓝色的头和蓝绿色身体被黑、白、黑三条紧挨的垂直条纹隔开。幼鱼成群结队地生活，而雄性成鱼却有领域性。它们能适应多种栖息地环境，从海底草原到深浅不一的礁岩海床都看得到它们，主要以浮游生物和小型无脊椎动物为食。

体长：25 厘米　活动深度：1 ~ 40 米

橄榄球般的长椭圆形身体，新月形的尾鳍，融合成喙的牙齿，头部和尾部有彩色色带。

13 64 厘米

13. 绿鹦鲷（*Sparisoma viride*）

绿鹦鲷是加勒比海代表性的鱼，它们有着缤纷多彩且细长的身体，像长椭圆形的橄榄球，同样呈长椭圆形的头部显得有点肥短，尾鳍是典型的新月形。它们的牙齿融合在一起，形成了固体喙，适合于啄食珊瑚，去掉坚硬的钙质部分，只吃里面的有机成分，特别是海藻。它们的体色会随年龄和性别而变化，雌性成鱼为红色，侧面布有白色鳞片，腹部是鲜艳的红色，而雄性成鱼偏绿色，头部和尾部上都有彩色色带。绿鹦鲷经常出没于大型轴孔珊瑚之间，并把这里当作自己夜晚的庇护所。

体长：64 厘米　**活动深度：**3 ~ 50 米

深蓝色的身体，尾鳍两端尖细，尾柄长着尖刺的位置有白色或黄色斑点。

14 39 厘米

14. 蓝刺尾鱼（*Acanthurus coeruleus*）

蓝刺尾鱼的身体是近乎正圆的圆盘形，侧扁且高耸，因为背鳍和臀鳍沿着身体长得很长，整条鱼从侧面看显得格外圆。它们身体的颜色为深蓝色，鳍片颜色略浅，尾柄上有一块白色或黄色的斑点。幼鱼的体色与成鱼完全不同，浑身都是黄色。它们喜欢生活在礁岩海床、珊瑚礁区和海草原，数十条组成小群，也会与其他刺尾鱼混在一起。它们只吃植物，会吃掉长在珊瑚上的丝状海藻，同时也避免珊瑚因为海藻太茂盛而窒息而死。

体长：39 厘米　**活动深度：**2 ~ 40 米

15. 蠵龟（*Caretta caretta*）

蠵龟是世界上仅次于棱皮龟的大型海龟，有着肥短的头部、非常结实尖锐的喙和无棱的龟甲。它们是加勒比海地区最常见的海龟之一，会在最隐蔽最舒服的海滩挖洞产卵，美国佛罗里达州的海滩上曾出现过 6 万个蠵龟巢。小蠵龟孵化破壳后会开启一段神秘的生活，回到海洋随着洋流四处漂流，经过 7 ~ 12 年才回到沿岸海域一直待到成年。蠵龟是食肉动物，以甲壳动物和章鱼鱿鱼之类的软体动物为食。

体长：1.1 米　**活动深度：**0 ~ 233 米

15 1.1 米

肥短的头部，尖锐的喙和无棱的龟甲。

背鳍和臀鳍对称，新月形的尾鳍两端尖细，吻部有蓝色条纹，眼周有放射状的深色细条纹。

16. 姬鳞鲀（*Balistes vetula*）

姬鳞鲀的身体呈椭圆形且扁平，大块鳞片紧密拼接成粗糙且坚固的鳞甲，三角形的吻部和一双能独立转动的凸圆眼睛长在硕大的头上，嘴巴强壮，嘴唇丰满，牙齿锋利粗大。它们身体的颜色鲜艳缤纷，紫色、蓝色和绿松石色渐变融合，头部下方偏黄色，吻部有两条独特的蓝色条纹，眼周有放射状的深色细条纹，宽大的鳍镶着浅蓝色的边。它们捕食软体动物和甲壳动物，但最爱吃的是刺冠海胆。凭借身段灵活，它们能够避开海胆长而可怕的棘刺。

体长： 60 厘米　**活动深度：** 2 ~ 275 米

西大西洋

如同与它相隔一个美洲大陆的太平洋一样，大西洋也是从北极绵延到南极。白鲸和福克兰群岛的企鹅就都在西大西洋遨游。

虽然与美洲东岸相接的只有大西洋一个大洋，但为了研究和描述方便，联合国粮食与农业组织（FAO）这类国际机构把西大西洋分成了三个区块——西北大西洋、西南大西洋和中西大西洋，后者就是我们上篇所讲述的加勒比海。我们可以像之前提过的东太平洋一样，跟着洋流来认识西大西洋。首先，我们来认识一下拉布拉多寒流。这支寒流流经圣劳伦斯河河口与纽芬兰岛之间的圣洛伦索海湾，这片广阔的区域有世界上最大的河口湾，也是生物多样性的王国——这里栖息着各种海豹，因叫声多变而被称为“海洋金丝雀”的白鲸、蓝鲸、长须鲸、抹香鲸、瓶鼻鲸、领航鲸和其他鲸豚类，乘船出海观鲸是非常棒的体验。

拉布拉多寒流继续向南将我们带到缅因湾及其水域，这里有美国龙虾、巨大的漂浮褐藻、五颜六色的海星和类似于羽毛的花朵的无脊椎动物等。尤其是缅因湾外海，过去曾因丰富的鳕鱼资源闻名于世。由于寒流的缘故，这一带还有随之而来的冰山，著名的泰坦尼克号便是在穿越大西洋的途中，撞上冰山发生海难沉没的。这里的海雾也同样出名，因为拉布拉多寒流和温暖的墨西哥湾流在此冷热交汇，产生大量雾气。墨西哥湾流沿着美洲海岸一路向北，在马尾藻海画下终点。马尾藻海是洋流围绕的一片海域，没有陆界，古代水手将其视为危险之地，害怕被大量漂浮的藻类禁锢于此。数千来年，这片海域都是鳗鱼繁殖的重要地点。

我们随着鸟儿和飞机向南飞翔，在遥远的南美洲海岸降落，这里有温暖的巴西洋流。巴西洋流起始于南美洲的圣罗克角，一路向南流经巴西、乌拉圭和阿根廷，最后于福克兰群岛的寒流交汇。福克兰洋流的低温为生活于此的寒带动物创造出理想的生存环境，例如企鹅、各种鲸类、鱼类和磷虾。属于寒冷水域的甲壳动物磷虾的出现，表明此处的大西洋海水蕴含丰富的养分。接下来的大西洋同其他海洋一样，那里的海面刮着世界上最强劲的风，人们用纬度将其称为“狂暴50度”和“尖叫60度”。

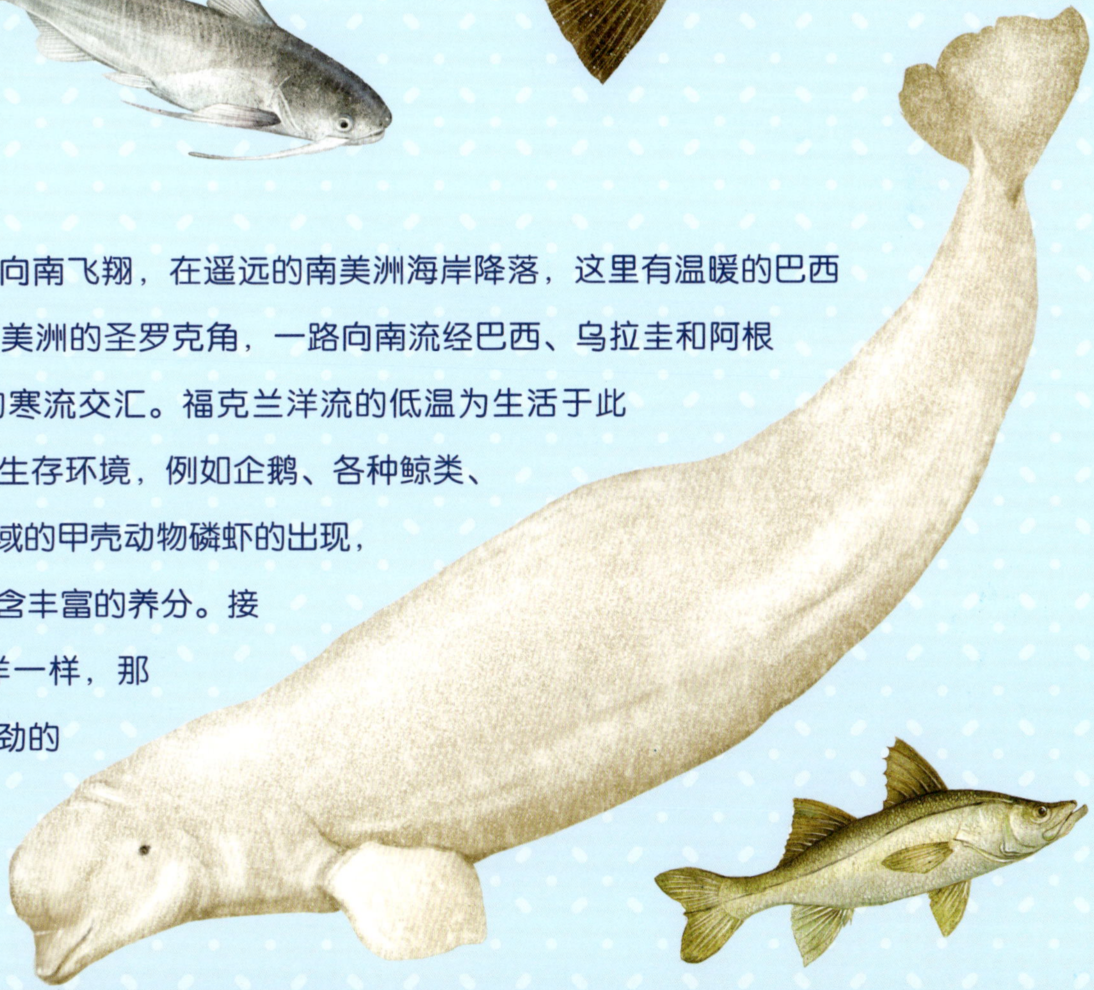

西大西洋的海洋动物

1. 黑皮旗鱼（*Makaira nigricans*）

同所有其他旗鱼一样，黑皮旗鱼有着圆柱形的细长吻突和高高拱起的颈背，第一片背鳍从颈部开始，沿着背部延伸，靠近尾鳍处变低。十分发达的新月形尾鳍显示出它们是游泳高手，游速可达每小时 30 千米，一天可以游动 70 千米。当它们高速游动时，会将鳍收折起来，以使体形更具流线型效果。它们的身体背部为深蓝色，腹部为银白色，体侧有约 15 条钴蓝色的细纹。黑皮旗鱼会快速攻击猎物，并用吻突袭击，主要捕食鲭鱼、小金枪鱼和其他鱼类。

体长：5 米　**活动深度：**1 ~ 1000 米

2. 军曹鱼（*Rachycentron canadum*）

乍一看，军曹鱼就像是一条小型的深色鲨鱼。它们的头长且扁平，圆筒状的身体修长，一张大嘴有斜向上突出的下颚，背鳍前端有带刺，一片长背鳍一直延伸到尾鳍基部，成鱼有新月形的尾鳍，而幼鱼的尾鳍则为圆润的扇形。它们的体色为深色，两侧有水平的银色色带。它们是水中的迅猛掠食者，攻击性强，以虾、螃蟹、鱿鱼和各种鱼为食。它们生活在远洋中，经常在漂浮物、船只、堤岸或人造珊瑚礁附近徘徊，通常独自生活，但也常与魟鱼、鲨鱼和海龟共游。

体长：2 米　**活动深度：**1 ~ 1200 米

头长且扁平，下颚突出，背鳍前端带刺，体侧有银色色带。

尖突的吻部和鱼雷形的身体，镰刀形的尾鳍，牙齿尖细，深蓝色的背部和白色的腹部。

3. 灰鲭鲨（*Isurus oxyrinchus*）

灰鲭鲨有尖突的吻部和鱼雷形的身体，堪称海中鱼类的“法拉利跑车”。强有力的镰刀形尾鳍为它们提供强大推力，灰鲭鲨能够迁徙超过 3000 千米，平均每天游 50 千米，加速冲刺的游速可达每小时 70 千米，并能利用这种高速冲出水面，跃起腾空 7 ~ 8 米。它们长着尖细的牙齿，适合刺穿鱼类和鱿鱼。而一些大型灰鲭鲨还有比较粗大且呈三角形的牙齿，在猎捕大型鱼、海豚和海龟时会派上用场。它们深蓝色的背部和白色的腹部是典型的远洋鱼类的体色。著名美国作家海明威的小说《老人与海》，讲述的是发生在古巴外海的故事，书中描写的那条大鱼便是灰鲭鲨。

体长：4.4 米　**活动深度：**1 ~ 750 米

4. 大西洋大海鲢（*Megalops atlanticus*）

大西洋大海鲢十分受美国沿岸垂钓客的青睐，它们的身体扁平，额头平坦，一张大嘴朝上张开，唯一的背鳍向后拉长成丝状，尾鳍分叉呈两片。它们的体色主要是银色，因为全身覆盖着会反光的鳞片。它们主要在沿岸活动，也会出现在开放海域，在半咸水或淡水中也能看到它们。它们的鱼鳔有肺的功能，就算在含氧量低的水中，也能通过呼吸大气生存。它们捕食鲻鱼、沙丁鱼、鳀鱼和海底生物，如蠕虫和甲壳动物。

体长：2.5 米　**活动深度**：1 ~ 30 米

5. 裸躄鱼（*Histrio histrio*）

裸躄鱼是一种体形浑圆的小型鱼类，它们的头上长有叶片状的附器，其他附器分布在鳍和身体上，第一片背鳍的第一根鳍条变形为可以自由移动的细丝，末端形似小鱼或蠕虫，可以充当诱饵。裸躄鱼的身体带有淡黄色的斑点，因此能隐身在浮藻（马尾藻）内，通过像爪子一样的胸鳍移动。有了这层伪装，认不出它们而又被诱器吸引的鱼类和甲壳动物就成了能轻松到手的猎物了。在受到威胁时，它们会躲到海藻群的上方，直到危险消失为止。

体长：20 厘米　**活动深度**：1 ~ 50 米

6. 白鲸（*Delphinapterus leucas*）

白鲸独一无二的白色体色使它们极易辨认。它们的体格相当强壮，没有背鳍的身体几乎为圆柱形，只在靠近尾鳍处开始变细，轮廓分明的颈部能做出其他鲸类动物无法做出的左右转头的动作。它们还能做出非常多的表情，甚至能露出微笑，并能发出各种各样的叫声，因此被人们称为“海洋金丝雀”。它们是典型的冷水海洋生物，以虾、鱿鱼和其他鱼类为食，能潜入约 900 米的深度，并在水中待 20 分钟以上。

体长：5 米　**活动深度**：1 ~ 900 米

7. 长鳍金枪鱼（*Thunnus alalunga*）

识别长鳍金枪鱼的关键是看它们的长胸鳍，这也是其名字的来历。它们的梭形身体被小鳞片覆盖，两片靠得很近的背鳍后面有七个或八个小鳍沿着尾柄排列，尾鳍宽阔呈镰刀形，背部是钢蓝色，从身体两侧向下逐渐变浅，到腹部变成银白色，体侧有能折射虹彩效果的蓝色色带，背鳍和臀鳍偏黄色。这种鱼喜欢结成大群生活，有时候整个鱼群能绵延 30 千米。它们能够长途迁徙，顺着洋流方向游动，短时游速可达每小时 70 千米。

体长：1.4 米　**活动深度**：1 ~ 600 米

长胸鳍，体侧有能折射虹彩的蓝色色带，背鳍和臀鳍偏黄色。

8. 大耳马鲛

(*Scomberomorus cavalla*)

大耳马鲛是一种肌肉发达的强壮鱼类，具有梭形的长身体，非常符合流体动力学。它们的头小而细长，嘴巴很宽，有着斜齿状的三角齿，有两片背鳍，第一片更长，第二片是竖直的三角形，与之对应的侧线清晰可见，并在第二片背鳍下方折弯后延伸到尾柄，镰刀形的尾鳍前方两侧各有一片小鳍。它们的背部颜色为深蓝或黑色，并掺杂着虹彩光泽的蓝绿色，两侧呈银色，腹部发白。它们成群生活在沿岸，根据季节变化从一处迁徙到另一处，以鱼类、鱿鱼和虾为食。

体长：1.84 米　**活动深度**：5 ~ 140 米

9. 低鳍真鲨（ *Carcharhinus leucas* ）

低鳍真鲨是一种体形巨大的鲨鱼，有着粗短的吻部，三角锥形的牙齿上有细小的锯齿槽，下颚的牙齿比较大，背鳍有一个短的后延，胸鳍宽大且呈镰刀状，尾鳍的叶片上大下小不对称。它们的体色总体来说比较均匀，上部灰色，往下逐渐变浅，到腹部转为白色，鳍末端的颜色较深。低鳍真鲨被视为世界上最危险的鲨鱼之一，攻击性和大白鲨及鼬鲨不相上下。它们喜欢栖息在沿岸，甚至还能沿着河川溯流而上数百千米，也会出现在中美洲的尼加拉瓜湖中。

体长：4 米　**活动深度**：1 ~ 152 米

10. 黑尾须唇飞鱼

(*Cheilopogon melanurus*)

黑尾须唇飞鱼身体修长，呈三角柱形，头尖嘴短小，口腔内有细小的圆锥形牙齿，适合撕咬它们爱吃的浮游生物。它们的背鳍低矮，但胸鳍十分宽大——这是飞鱼的典型体征——几乎和尾鳍一样长，尾鳍的下半叶也很大。它们的背部为深色，腹部为浅色。当遇到追击时，飞鱼会快速摆动尾鳍以迅速逃离，最高游速可达每小时 60 千米，同时展开翅膀般的胸鳍飞出水面，有时候能飞行 100 多米。繁殖期间，它们的胸鳍变成镶白边的粉红色。

体长：32 厘米　**活动深度**：1 ~ 20 米

11. 海鲶（*Bagre marinus*）

海鲶身体细长，头部扁平，嘴巴很靠近腹侧，嘴角有一条几乎延伸到胸鳍末端的触须，下巴下面也有两对短触须。它们的背鳍和胸鳍的第一片上都有毒刺，已经转变为长长的白色细丝。它们的背部为钢蓝色，身体两侧为银色，腹部为白色。受到威胁时，它们会像帆一样竖起背鳍，展示自己鳍上吓人的毒刺。它们的繁殖方式很特别，雌鱼会把卵产在雄鱼嘴里，雄鱼会含着鱼卵直到孵化，幼体会继续待在嘴里好几天后才离开。

体长：69 厘米　**活动深度**：1 ~ 60 米

12. 锯盖鱼（*Centropomus undecimalis*）

锯盖鱼在美国大西洋中部地区广为人知，它们细长的体形、向下斜削的额头、凹陷的吻部和突出的下颚很容易识别，体侧上方有一道独特的黑线，从头部一直延伸到尾鳍。它们的体色介于深褐色和灰色之间，背部夹杂着黄绿色，体侧转变为银色，腹部则是白色，然而它们的鳍却是黄色。它们最喜欢的栖息环境是沿海、潟湖、红树林和河口，食谱包括虾虎鱼或凤尾鱼之类的小鱼、虾和螃蟹。它们主要在黎明和黄昏时捕食。锯盖鱼在成长过程中会改变性别，体形比较小的多为雄鱼，体形大的则多为雌鱼。

体长：1.4 米　**活动深度**：1 ~ 22 米

13. 多须石首鱼（*Pogonias cromis*）

多须石首鱼身体紧实而修长，拱形的背部在背鳍处隆起得最高，下巴下方有 5 条棘状的口须。它们的第一片背鳍高耸并为三角形，第二片背鳍较低且偏长，尾鳍通常比较方正。依环境变化，其体色从银色到黑色不定。多须石首鱼是沿岸和河口型的鱼类，喜欢沙质和泥泞的底部环境，以软体动物、螃蟹和虾为食，有时候会为了觅食而进入很浅的水域，以至于很容易看到它们在捕食时伸出水面的尾巴。它们的牙齿是从口腔伸出的咽头齿，不光能切碎猎物，还可以振动鳔发出类似微弱鼓声的声音。

体长：1.7 米　**活动深度**：1 ~ 30 米

14. 羊头鲷（*Archosargus probatocephalus*）

羊头鲷有侧扁的宽椭圆形身体，短吻部粗壮，小嘴内有宽而尖的门齿，同时也有侧臼齿，用于咬碎软体动物的贝壳和甲壳动物的壳。有意思的是，这种牙齿排列在杂食动物身上很常见，令人不禁想到人类或绵羊的牙齿，这也是它们被称为羊头鲷的原因。它们的身体呈灰银色或黄绿色，有 5 ~ 7 道宽阔的深色垂直色带，且在幼鱼身上更为明显。纽约附近有个名为“羊头湾”的海湾，就是因为曾盛产羊头鲷而得名。

体长：91 厘米　**活动深度**：1 ~ 15 米

深海

对于我们这些“陆生居民”来说，很难想象深海是何种景象，那里的种种特点似乎就是为了令人感到胆寒和恐惧。的确，深海世界永远是冰冷的，温度只略高于0℃，没有光照，压力巨大。水深每增加 10 米，每平方厘米就增加一千克压力，在深海水压可达每平方厘米一吨之高。

因为上述原因，直到十九世纪上半叶，人们仍然认为海洋生物只能在 500 米以内的深度存活。直到 1872 年，英国海军舰艇挑战者号才在一次科学远征后证实，有些未知生物生活在 3000 多米深的海洋深处。从此以后，深海世界，这个占据海洋体积 80% 以上的、延伸到海底世界 1 万米以上的区域，才开始向世人揭开它的神秘面纱。特别是人类建造出能够潜水到数千米深的潜艇，并配备照明设备、舷窗和摄像器材后，研究人员才终于可以直接观察这些生活在黑暗世界中的生物了。这些神秘生物仿佛从怪兽书中活生生爬了出来：蝰鱼的满嘴尖牙令恶龙胆寒；吸血鬼乌贼的黑色披风堪比吸血鬼的斗篷；鮟鱇鱼隐身于漆黑一片中，伸出精致的夜光诱饵，时刻准备着在不知情的猎物前点亮，天真的猎物还以为那是一顿唾手可及的大餐呢。

数万年、数十万年甚至数百万年间，数不清的生物在深海里演化。自从海洋成为我们现在看到的样子以来，深海的环境几乎没有太多改变，这里的自然界遵循的基本生存规则“进食、保命、繁衍”格外残酷冰冷。深海是没有光照的世界，也注定不可能有阳光。

但这里有一些非常微弱的光线，就像是夏夜萤火虫发出的光芒一样，在深海中若隐若现。因为许多海洋生物对漆黑海底的适应方式之一就是演化出发光能力，而这要归功于它们身上被称为“荧光体”的特殊发光器官。我们可以把它们想象成发出冷色光的小灯泡，但其省电的能力比 LED 还强得多！

有些深海鱼的身上长着好几排荧光器官，犹如在夜间飞行的飞机，只看到透光的舷窗。就连章鱼和鱿鱼也适应了黑暗中的生活，它们喷射的墨水变成了令人目眩的荧光色。浮游生物同样出现在这幽深莫测的地方，甚至比其他构造更复杂的生物适应得更好。它们并未放弃光明，数十种能够发光的水母便是力证，它们的美丽身影简直可以当成彩灯和霓虹灯的设计蓝本。

深海的海洋动物